灵魂深处的
心理学

郑和生◎著

民主与建设出版社
·北京·

©民主与建设出版社，2025

图书在版编目（CIP）数据

灵魂深处的心理学/郑和生著.-北京：民主与建设出版社，2017.3（2025.02重印）

ISBN 978-7-5139-1424-6

Ⅰ.①灵… Ⅱ.①郑… Ⅲ.①心理学-通俗读物 Ⅳ.① B84-49

中国版本图书馆CIP数据核字（2017）第040793号

灵魂深处的心理学
LINGHUN SHENCHU DE XINLIXUE

著　　者	郑和生
责任编辑	刘树民
出版发行	民主与建设出版社有限责任公司
电　　话	(010)59417747　59419778
社　　址	北京市朝阳区望京远洋·万和公馆南区5号楼
邮　　编	100025
印　　刷	晟德（天津）印刷有限公司
版　　次	2017年6月第1版
印　　次	2025年2月第3次印刷
开　　本	710mm×1000mm　1/16
印　　张	13
字　　数	260 千字
书　　号	ISBN 978-7-5139-1424-6
定　　价	39.80 元

注：如有印、装质量问题，请与出版社联系

前 言

心理学是一门古老的科学，人类对其的研究可以追溯到中国、埃及、希腊和印度等古代文明。然而，直至1879年，德国著名心理学家冯特在德国莱比锡大学创建了世界上第一个心理学实验室，心理学才正式从哲学中独立出来成为一门专业学科。正如德国心理学家艾宾浩斯所说："心理学有一个漫长的过去，却只有一个短暂的历史"。

心理学的范围很广，涵盖了认知、情绪、情感、意志、需要、动机、能力、气质和性格；医学心理学、变态心理学、心理卫生、心理咨询和心理治疗、教育心理学、工程心理学、环境心理学、司法心理学、航空航天心理学、文艺心理学、心理测量学等等。也正因为如此，心理学史上真正集大成的心理学家并不多，他们大多是专研于心理学的某一领域，创造出一个全新的心理学概念，将他们的名字永载心理学的史册上。

本书属于普及性读物，全书涵盖了几乎所有心理学基础知识，包括读心术、情绪、性格、学习、逆境、教育、交际、婚恋、职场、成功、经商、健康。如果你是家长，当你掌握了教育心理学定律，并能活用心理学知识，你就能充分掌握孩子的心理，适时给孩子恰当的关心和指导，对孩子提出积极的期望，使孩子在自信和快乐中健康成长；如果你是员工，当你掌握职场心理学定律后，你就能很好地适应自己的角色，充分融入职场生活，积极应对职场竞争，使你能在职业生涯中如鱼得水，游刃有余；如果你是领导者，当你掌握了经商心理学定律后，你就能更好地了解员工的心理和需求，适时调整管理方式，使员工感到备受尊重和关心，从而激发他们的工作积极性，挖掘其潜能，使之为企业的发展做出更多贡献……无论你目前扮演什么角色，无论你是在工作中，还是在生活中，抑或是在休闲娱乐中，你都需要掌握必要的心理学知识。心理学定律是由无数心理学家、成功学家、社会学家经过实践和实验总结出来的，这些智慧结晶可以为我所用，成为我们成功路上的垫脚石，如果不懂得运用，就会错失许多良机。所以说，你是否主动去了解这些心理学定律，关系到你人生的成败和生活的苦乐。

细细品味本书，它会告诉你心理定律的无穷奥妙，还会教你轻松运用知识帮助自己实现飞跃式的发展。它将深奥的心理学知识融会贯通于一个个妙趣横生、饱含人生哲理的故事中，它形象分析了行为背后的心理动机，深入浅出地提炼了心理学定律给我们的启示，以指导我们在生活中更好地趋利避害。当你读完此书，你会惊奇地发现：原来心理学并非艰涩难懂，并非抽象得难以捉摸，只要细细品读，就能充分掌握。

目 录

绪章
揭开心理学的神秘面纱

- 01 什么是心理学 ……………… 2
- 02 心理学的起源和发展 ……… 7
- 03 心理学与日常生活的关系 …… 13
- 04 心理危机的概念 …………… 15
- 05 有趣的心理现象解析 ……… 19

第一章 心理学的魅力
先读懂自己,再读别人

- 01 保持一颗觉察的心 ………… 24
- 02 学会察言观色 ……………… 27
- 03 读懂第一印象 ……………… 34
- 04 表情背后的大文章 ………… 38
- 05 微笑的魅力 ………………… 41
- 06 微动作 ……………………… 46
- 07 着装的艺术 ………………… 49
- 08 从语言风格看性格 ………… 53

第二章　情绪心理学
擦拭心灵，来一场心灵的革命

- 01　当郁闷成了流行病 60
- 02　承认生活的不完美 63
- 03　愤怒是伤己的利器 66
- 04　人生难得糊涂 71
- 05　在心中种一株向日葵 74
- 06　好心情可以装出来 77
- 07　写下你的梦想 80

第三章　性格心理学
播下性格，收获命运

- 01　性格的魅力 84
- 02　你的性格，由你决定 86
- 03　宽容是一种艺术 89
- 04　生命因奉献而精彩 93
- 05　拥有坚韧的品质 97
- 06　责任胜于能力 100
- 07　专注是一种品质 103

第四章　逆境心理学
跨过去，就赢了

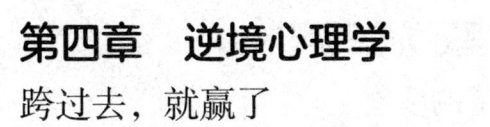

- 01　在绝望中寻找希望 106
- 02　压力创造奇迹 109
- 03　培养破釜沉舟的勇气 112
- 04　要有危机意识 115
- 05　自助者，天助之 119
- 06　危机也是机会 122
- 07　逆境中要学会忍耐 126

第五章　交际心理学
做人见人爱的"交际花"

- 01　尊重是一种美德 130
- 02　平等待人 133
- 03　以热情感动人 136
- 04　主动化干戈为玉帛 139
- 05　幽默是交往的润滑剂 143
- 06　学会赞美他人 146
- 07　嫉妒是灵魂的癌症 149

第六章　职场心理学
求胜是必备的姿态

- 01　野心成就伟大 156
- 02　积极主动地工作 160
- 03　团结就是力量 164
- 04　敢于承担责任 167
- 05　对工作充满热情 170
- 06　有实力才能受重视 174

第七章　健康心理学
好心态胜过好身体

- 01　让心灵去旅行 178
- 02　保持乐观的心态 181
- 03　越简单越健康 185
- 04　心情轻松治百病 188
- 05　做自己的心理医生 193
- 06　做从容自在的人 197

绪章

揭开心理学的神秘面纱

在冯特创立他的实验室之前,心理学像个流浪儿,一会儿敲敲生理学的门,一会儿敲敲伦理学的门,一会儿敲敲认识论的门。1879年,它才成为一门实验科学,有了一个安身之处和一个名字。

01　什么是心理学

过去，"心理学"一词常常被人误解，原因无他，只是在心理学的发展历程中，多半是旧瓶装新酒，内容换了，名称不变，因此总让人望文生义，知其门而不得入。

事实上，心理学可以称得上是一门古老而又年轻的科学。它起源起西方哲学，即两千多年前的希腊。在"心理学"一词还只以希腊文书写的时候，它隶属于哲学的范畴，意思是"关于灵魂的科学"。灵魂在希腊文中也有气体或呼吸的意思，因为古代人们认为生命依赖于呼吸，呼吸停止，生命就完结了。

随着社会的进步和科学的发展，心理学的研究对象由灵魂改为心灵。直到 19 世纪初，德国哲学家和教育学家赫尔巴特才首次提出心理学是一门科学。在 1879 年，德国著名心理学家冯特在德国莱比锡大学创建了世界上第一个心理学实验室，开始对心理现象进行系统的实验研究。在心理学史上，人们把这一事件，看作是心理学脱离哲学的怀抱、走上独立发展道路的标志。美国社会心理学家加德纳·墨菲称"在冯特创立他的实验室之前，心理学像个流浪儿，一会儿敲敲生理学的门，一会儿敲敲伦理学的门，一会儿敲敲认识论的门。1879 年，它才成为一门实验科学，有了一个安身之处和一个名字。"

事实上，心理学不仅是对心理现象进行描述，更重要的是对心理现象进行说明，以揭示其发生发展的规律。

说了这么多，那么心理学的确切定义是什么呢？虽然根据字面意思来看，是指研究心理的科学。然而，作为一门科学学科，这样的解释显然太过含糊。严谨地说，心理学是一门研究人和动物心理现象发生、发展和活动规律的科学。

它以自己特有的研究对象与其他学科区别开来。心理学既研究动物的心理，也研究人的心理，而且以人的心理现象为主要的研究对象。

那么，我们重点来看看人的心理现象。人的心理现象是多种多样的，主要分为群体心理和个体心理两个方面。

群体心理分为小群体心理和大众心理。同时，作为社会的人，彼此之间必然要发生一定的关系，进行社会交往，从而产生交往心理。交往心理既存在于个人与他人之间，也存在于群体之间，所以将其列入群体心理之中。这样，群体心理就包括三大类型，即交往心理、小群体心理、大众心理。群体心理主要是心理学中的一个重要的分支学科即社会心理学的研究对象，其他心理学分支学科（如管理心理学）也研究群体心理。

个体心理是指个别主体即具体的个人的心理，可以分成认知、动机和情绪、能力和人格三个方面，也可以分为心理过程和个性差异两个方面。

心理过程是指人的心理活动发生、发展的过程。具体地说，就是客观事物作用于人（主要是人脑），在一定的时间内大脑反映客观现实的过程。包括认识过程（简称为"知"）、情绪和情感过程（简称为"情"）、意志过程（简称为"意"）。三者合在一起简称为"知—情—意"。个性心理是显示人们个别差异的一类心理现象。人们常说的心理学，就是研究上述个体心理发生与发展规律的一门科学。

详细说来，心理过程和个性心理包括感觉、知觉、记忆、想象、思维、语言、动机、情绪、意志、能力、人格等。下面，我们来简单地了解一下其中的七个方面吧。

1. 知觉

当你看到一个物体，你知道那是一朵花，你真的看到一朵"花"吗？其实不是的，你只是看到物体颜色与外形，这是所谓的感觉。而你知道它是一朵花，是因为你有知觉。所谓的知觉，就是指客观事物直接作用于人的感官而在头脑中产生的对事物整体的熟悉。它是大脑受到刺激后对其进行的分类、解释、分析和整合，也就是你大脑接接收到那朵花的感觉以后，再把这些感觉整合在一起，然后根据经验把"它"识别成一朵花。

2. 记忆

你知道记忆是什么吗，只是简单地把要背诵的东西塞进脑子里？不是的。在心理学家眼中，记忆是我们对信息进行编码、存储和提取的过程。记忆还可以分为以下类别：（1）依据信息保持时间的长短，记忆可以分为感觉记忆、短时记忆、长时记忆。（2）陈述性记忆和程序性记忆，它们都属于长时记忆。陈述性记忆是指对有关事实和事件的记忆，我们背的书不属于这种了，这种记忆回想起来是要占用大脑资源的；程序性记忆是指如何做事情的记忆。怎么去开门就是这么一种记忆，这种记忆的回想不占太多大脑资源，基本都是自动完成的。

3. 想象

想象其实是意识的一种，想象总是来源于现实生活的模型的。鲁迅先生说："描神画鬼，毫无对证，本可以专靠神思，所谓'天马行空'地挥写了。然而他们写出来的却是三只眼、长颈子，也就是在正常的人体身上增加了眼睛一只，拉长了颈子二三尺而已。"鲁迅先生的这些话形象地说出了，我们的想象并非凭空捏造的，而是对头脑中已有的形象进行加工改造，形成新形象的过程，这是一种高级认知活动。想象可分为再造想象（根据语言的表述或非语言的描绘在头脑中形成有关事物的形象的想象）和创造想象（不依据现成的描述，而独立创造新形象的过程。如幻想，文学创作中的艺术想象也属于创造性想象），后者是创造力的一个重要标志。

4. 动机

动机是在目标或对象的引导下，激发和维持个体活动的内在心理过程或内部动力，具有激活、指向、维持和调整功能。动机形成的条件有两个，一个是内在动机——需要，另一个是外在动机——诱因。就如有人努力学习是为能找份赚钱的工作使自己生活得好一点，对这些人来说，生活得好一点他们的需要，钱是他们努力学习的诱因。

5. 情绪情感

情绪是人对客观事物的态度的体验，反映了人的主观需要与客观事物之间的关系，具有较大的情境性、冲动性和暂时性，情绪的外部表情有面部表情、身段表情和言语表情。与此对应，情感作为一种体验和感受，情感具有较大的稳定性、深刻性和持久性。在现代心理学中常把人的复杂情感称为高级情感并分为理知感、道德感、美感等三种。

6. 意志品质

我们一向都说要做个有刚强意志的人，但却未必知道意志是什么。意志被看作人类特有的高层次动机，是人类有意识的支配和调节行为，通过克服困难，以实现预定目的的心理过程，就似乎我们所说的"为了朋友，可以两肋插刀"就需要坚韧的意志。人的意志基本品质包括独立性、坚决性、坚持性和自制性四个方面。

7. 能力

能力是直接影响活动效率，并使活动顺利完成的个性心理特征。能力总是和人完成一定的活动相联系在一起的。能力有很多种分法，可以分为一般能力和特别能力，流体能力和晶体能力，模仿能力和创造能力，还可以分为认识能力、操作能力和社交能力。你知道吗？智力，其实也是一种能力，它包括理解、计划、解决问题抽象思维表达意念以及语言和学习的能力。个体的智力发展是有差异的，这些差异表现在发展水平上的差异、表现早晚的差异、结构差异、性别差异等。由萨洛维和玛伊尔提出的"情绪智力"，也就是"情商"，是指识别和理解自己和他人的情绪状态，并利用这些信息来解决问题和调节行为的能力。高尔曼对一个人一生的影响在大多数时间内都要比智商更为重要。

理学所要研究的，除上述个体心理和群体心理之外，还有其他许多具体的内容。而心理学的开设，不是为了让人类去研究别人到底是怎么回事。而是为了让人类更了解自己，了解别人，理解别人，通过不断的心理调整，让人生达到更好的生活境界。社会进步，生产发展以及文化的缔造，关键在于人本身。社会首先应该关注的是人心的向往和需求的发展。社会的成功在很大程度上，要把人的愿望与渴求引导到社会总目标的规范之下，这就需要认识人、了解人、认识人的心理活动。从这个角度来说，心理学研究的成果既可以直接服务于个人的成长发展，同时也是社会整体发展的需要，使人不断的自我完善，从而更好地适应这个社会，也是一种生活本能的方式。

　　有人说："学心理学的人能看穿别人的心思，知道别人心里想什么，好厉害！"这种说法把心理学神化了。其实，心理学就是一门研究人的心理活动的规律的科学。心理学者只是在尽可能的按照科学的方法，间接的观察、研究或思考人的心理过程是怎样的，人与人有什么不同，为什么会有这样和那样的不同，即人的人格或个性，包括需要与动机、能力、气质、性格和自我意识等，从而得出适用人类的、一般性的规律，继而运用这些规律，更好地服务于人类的生产和实践。

02　心理学的起源和发展

上一节已经提到，世界上最早的心理学属于哲学的范畴，因此被称为哲学心理学。而对哲学心理学的研究可以追溯到中国、埃及、希腊和印度等古代文明。在我国古代，人们认为人的性情思想是由一定的器官承担的，并且其活动会在器官上反映出来。比如说《春秋元命苞》中的"人精在脑""头者神之所居"，《孟子》一书中的"心之官则思""神形合一""形神相印"等思想在《黄帝内经》等涉及医学心理的著作中就有很多阐述和应用。而在古希腊语中，心理学由"灵魂"和"研究"所组成。柏拉图提出过二元并存的理念，有人认为亚里士多德《论灵魂》是西方最早的一部论述心理学思想的著作。经由长久的演变，慢慢地产生各式各样不同的学科，包括了现在人所了解的心理学。

哲学心理学探讨的主要议题有四个：心身关系、天性与教养、自由意志与决定论、知识来源。其早期的理论有一元论、二元论、环境决定论、精神决定论等。简单说来，心理学发展线索可以如下表述：心理学的起源，精神分析，行为主义，人本和存在主义认知主义。正如德国心理学家艾宾浩斯所说："心理学有一个漫长的过去，却只有一个短暂的历史。"

在中世纪的伊斯兰医学与心理学中，已经开始进行临床的精神科治疗和实验研究。

◆ **心理学的起源**

关键人物：威廉·冯特、威廉·詹姆斯、赫曼·艾宾浩斯、伊万·巴甫洛夫等。

心理学在哲学上的研究可以追溯到中国、埃及、希腊和印度的古代居民。

早在中世纪的时候，穆斯林心理学者和医生就建立了精神病医院来治疗患者，将心理学应用在临床和试验上。

虽然心理学实验早在1021年便有记载，但心理学作为一个独立研究的实验领域则开始于1879年。当时威廉·冯特在德国的莱比锡大学建立了第一个专门用于心理研究的实验室。也因此，冯特被称为"心理学之父"，1879年因此也被认为是心理学诞生的日子。美国哲学家威廉·詹姆斯在1890出版了他的第一本书，《心理学原理》，这本书奠定了许多问题的基础，而这些问题正是心理学家在随后几年所关注的。对这个领域的其他早期重要的贡献者包括赫曼·艾宾浩斯，他是在柏林大学里对记忆进行实验研究的先驱；还有俄国生理学家伊万·巴甫洛夫，他研究了现在被称为经典条件作用的学习程序。

◆ **精神分析**

关键人物：西格蒙特·弗洛伊德、卡尔·荣格等。

1890年，奥地利内科医生西格蒙特·弗洛伊德发展出一种被称为精神分析的心理疗法。当时，弗洛伊德对于思想的理解绝大部分都是建立在解释性方法、内省和临床观察的基础之上，特别关注于解决潜意识的冲突、心理困惑和精神治疗理论上。弗洛伊德的理论在当时非常有名，很大一部分原因是弗洛伊德公开说明性、压抑和潜意识的想法是心理发展的正常组成部分。这些在当时的社会被认为是禁忌话题，弗洛伊德很轻易地就让它们在文明的社会上得到广泛而公开的讨论。弗洛伊德对后来著名的心理学家卡尔·荣格也产生了很大的影响，荣格的分析心理学是深度心理学的组成之一。哲学家卡尔·珀普洱称弗洛伊德的精神分析理论是以一种不可检验的形式存在的。因为弗洛伊德的理论的本质属性，科学性定向的心理学系对它们的兴趣是非常有限的。弗洛伊德的追随者接受了精神分析的基本概念，但是对它进行了某些修改，人们称这些人为新弗洛伊德主义者。被修改后的弗洛伊德的理论为荣格的理论的修订产生了原型和过程定向的心理学思想。

◆ **行为主义**

关键人物：约翰·华生、爱德华·桑代克、克拉克·赫尔、爱德华·托尔曼和斯金纳等。

　　行为主义由约翰·华生所创立，被爱德华·桑代克、克拉克·赫尔、爱德华·托尔曼和 B·F·斯金纳加以关注和发展。19世纪末、20世纪初的早期心理学的创建者，冯特和詹姆斯，通过内省法研究意识。在20世纪的头二十年，行为主义作为领导性的心理学理论广泛流行。行为主义者认为：意识的内容并不是对科学仪器敞开的，科学心理学必须仅仅关注于外显行为的研究，并没有考虑内部表征或者是意识。行为主义的兴起一部分原因在于动物实验的成功，另一部分原因则是对依赖于个案研究和临床经验的弗洛伊德心理分析的反应。弗洛伊德的理论和实践关注于那些起源于儿童时期的无意识冲突，以治疗精神创伤和精神病。但是，弗洛伊德的理论很难得到实际经验的检验，这点是存在争论的。

　　行为主义者在很多方面和早期的心理学家的观点不一样。行为主义者关心行为与环境的联系，分析外显和内隐的（比如个人的）行为，将这些行为视为机体和所处环境互动的功能。行为主义者并不反对研究外显或内隐事件（如做梦），他们反对的是产生这些外显（如行走、谈论）或内隐（如做梦、想象）行为的机体内部的原因。行为主义者并不使用思想或意识这类概念，因为这些概念并不能描述外在的心理学事件（例如想象），或是机体内部的解释。相反，行为主义将内隐事件也作为行为来看待，也和分析外显行为一样分析它们（因此称他们为行为主义者）。行为是指机体的具体事件，而不管是外显的还是内隐的。

　　斯金纳认为内省可以指出环境变量，而环境变量中的行为（外显或者内隐）是一种功能。因此可以认为斯金纳是内省的倡导者。但是，斯金纳认为在内省中被"监察到"的不是心理现象，而是机体的生理结构。对于这些事情，斯金纳之前的行为主义者们有不同的见解。比如说，在《行为主义者眼中的心理学》中，华生指出心理学"是自然科学中的一个纯粹的观察、试验的分支""内省法并不是心理学方法的主要组成部分""行为主义者认为人和动物之间没有根本上的差异"。斯金纳拒绝将假设检验作为一种研究方法，他认为假设检验对理论有太大的帮助，以至于可能降低研究者对其实验当中的非预期结果变得不敏感。

◆ 人本和存在主义

关键人物：亚伯拉罕·马斯洛、卡尔·罗杰斯、弗雷兹·皮尔斯、罗洛·梅、维克多·弗兰克尔、路德维希·宾斯旺格、乔治·凯利等。

作为对行为主义和精神分析的批评者，人本主义心理学在二十世纪五十年代发展起来。在使用了现象学、相互主动性和第一人称类别的方法，人本主义趋势试图去了解整个人——而不是人格或者是认知功能的一些碎片。人本主义关注基本的个人和生活事件，比如说自我同一性、死亡、孤独、自由和意义。有几个方面可以帮助我们区别人本主义趋向和心理学中存在的其他趋向，包括强调主体意义、拒绝宿命论，以及比其他的病理学更关心生长的正面力量。这种思潮的创始人当中有：亚伯拉罕·马斯洛，个体需求层次理论的创始人；卡尔·罗杰斯，来访者中心治疗理论的创始人和发展者；弗雷兹·皮尔斯，创立和发展了格式塔治疗理论。它的影响是如此之大，被认为是心理学的"第三势力"（与行为主义和精神分析并列）。

在德国哲学家马丁·海德格尔和丹麦哲学家索伦·克尔凯郭尔的工作的巨大影响下，接受过精神分析训练的罗洛·梅在1950到1960年间发展出了心理学的存在主义思想。存在主义者认为人难免一死，重要的在这个过程中他们有责任去承认自由（他们称之为"自由意志"），并且，为了构建他们自己的、有意义的生活路径，他们有违抗世俗的权利。啰洛·梅相信构成有意义的生活的重要因素之一就是追寻神秘感，或者是以自己的方式来生活。

以存在主义的观点来看，不仅对意义的追求来自接受世俗观点，并且，对意义的追求可以抑制死亡的到来。正如存在主义精神治疗者和大屠杀的幸存者维克多·弗兰克尔所说：

生活在拥挤的集中营里的我们，可以记得穿过小屋的那些人。他们安慰着其他人，分发着他们最后的一块面包。他们的人数可能很少，但是他们充分地证明了：你可以从一个人的手中夺走任何事情，却不能剥夺他的最后的自由—在任何环境下选择自己的态度，选择自己的道路。

除了梅和弗兰克尔之外，精神分析师路德维希·宾斯旺格和心理学家乔治·凯利也被认为是属于存在主义流派。

存在主义者和人本主义者都认为人们应该努力去充分实现自己的潜能，但是只有人本主义心理学家认为这种努力是天生的。对存在主义心理学家来说，这种努力只是对世俗、自由和责任思考所产生的焦虑的结果。

◆ **认知主义**

关键人物：诺姆·乔姆斯、艾宾浩斯等。

在整个20世纪上半叶，行为主义都是美国心理学界占据统治地位的范式。但是，现代心理学在很大程度上是由认知心理学所统治的。语言学家诺姆·乔姆斯基1959年对斯金纳的《语言行为》的回顾挑战了当时行为主义取向在行为和语言研究领域的统治地位，同时在心理学界掀起了认知革命。乔姆斯基强烈地批评了刺激、反映、强化等斯金纳从实验室的动物实验中借用过来的"任意概念"。乔姆斯基认为斯金纳的概念用来解释人类的复杂行为，如语言获得时，只能够作出非常肤浅和隐晦的解释。乔姆斯基认为在研究和分析当中不能够忽略语言获得期的儿童的特点，并强调儿童天生便拥有一种获得语言的自然能力。绝大部分和研究社会学习理论的班杜拉相联系的工作显示，儿童能够通过观察学习来学会角色榜样的侵犯行为，但同时没有外显行为的改变，这必须被解释为一种内部过程。

随着计算机科学和人工智能的发展，人类的信息加工机制被类比成为机器的信息加工机制。加之假定心理表征的存在、心理状态和操作可以在实验室的科学实验中加以研究，这种类比使得认知主义成为心理学研究的流行模型。二战以来认知方面的研究也致力于更好的理解武器操作。

认知心理学与其他心理学流派的主要区别有两点：首先，它实用科学的方法来做研究，通常是拒绝使用内省的，这和以弗洛伊德精神分析学派为代表的驱力理论是不相同的；其次，它明白地承认内部精神状态的存在，比如说信仰、欲望、动机等行为主义者所不屑的东西。不过，与弗洛伊德和深度心理学相似，认知心理学家对无意识过程，如压抑，非常感兴趣，不过更热衷于使用一种操作性定义的方式来测量它们，如无意识加工、内隐记忆等，这些都可以得到实验研究。不过，认知心理学家对这些成分的存在也提出了疑问，比如说：美国心理学家伊丽莎白·罗福特斯用经验法来说明外显记忆可以通过制造来出现，而不是通过对压抑的排除。

认知革命之后的几十年里，艾宾浩斯一直领衔着记忆方面的实验研究，表明高级心理过程并非不可研究，相反可以通过实验加以了解。心理活动和大脑、神经系统功能之间的联系也开始被理解了，一部分原因是英国神经学家查尔斯·谢灵顿和加拿大心理学家唐纳德·赫布的实验工作。

以上是心理学发展的主线，它们对现代心理学都有深浅不一的影响，虽然有些心理学理论内容可能已经被推翻而只剩下一些名词还被延用于心理学之中，有的理念随着科技的发展再度受到重视，但是它们对心理学的发展做出过的贡献是不容置疑的。这也从侧面说明一个问题：心理学的历史是由不断的尝试错误与修正所累积下来的历史。

03　心理学与日常生活的关系

在社会经济飞速发展的今天，在物质不断得到满足的今天，如何让自己浮躁的心态，归于平静，如何放松自己，寻找心理的健康与和谐，已成为现代社会重要的新课题，也是心理学要研究的主要课题。

人们常视心理学为畏途，把它过分学术化、神圣化。其实心理学就在我们身边。它就像空气一样，我们一刻都离不开。

——《青年心理》主编钱卫

正如钱卫所说，心理学其实是现代人生活中涉及最广泛的主题。

因为，人的生活主要是由人的心理与行为支撑的，无论是生活中的衣食住行，还是工作中的为人处事，都离不开心理学，都需要心理学的知识和帮助。心理学所涉及的方面渗透于日常生活的各个领域。比如说，人在独处和在群体中的行为为什么会不一样？这些心理与行为是怎样随着年龄增长而发展的？在这些心理与行为的发展中教育起着什么样的作用？学生在考试的时候如何能承受各种压力？成绩在很大程度上受心理因素的影响？……总而言之，有人活动的地方，都有心理学问题，都需要心理学！

就拿交际来说吧，生活中我们总是要与他人交往，在交往中就会遇到这样那样的问题。在与人见面之后，我们会对人产生第一印象，而这最初的印象可能并不是理智的或者是存有偏见的，而这种不理智的、存有偏见的第一印象就会长远地影响到我们对人的理解。就像《傲慢与偏见》中的男女主人公一样，让交往多了许多波折。这就是心理学上说的首因效应。

从上面的例子可以看出，凭着第一印象对他人进行评价往往是不准确的，但是这印象一旦形成就很难改变，甚至，我们常常对一个人的某方面形成坏的印象后会由此推论他的其他方面的好坏，带有一种夸大的心理。这实际上是不对的。第一节已经讲过，心理学具有个体性和群体性。而上面讲的这种带有偏见的心理则是只注重了群体特征，忽视了个体差异。因为社会接触机会少，群体变化性大，而社会认知具有滞后性，再加上对一个人的印象的形成还往往受利益和价值的影响。这就是心理学在交际上的应用。

2003年，人民邮电出版社出版了一本汉译本《心理学与生活》，书中完全是片段式地采用心理学在日常生活中的运用，将心理学寓于简短的故事当中，读者读过之后，很轻松地就理解了。可见，心理学其实并不是多么高深的一门学科，它与现实生活是密切相连的。

最近很火的台湾女作家张德芬的《遇见未知的自己》更是将生活与心理学的关系展现得淋漓尽致。从与丈夫的争吵、生活中的压抑，到遇见一位老人，由老人一步步帮其理解、解决生活和工作上的问题，到最后找回一个平静从容的自我。心理学与生活中的每一个场景，人与人之间的每一次交锋，自己与自己每一次的心灵碰撞都息息相关。

可以说，生活中处处有心理学，时时有心理学。很多人都读过心理学的作品而不自知，比如众所周知的弗洛伊德的《梦的解析》。由人的潜意识分析到人的梦，其实也是心理学的一种。

那些比较经典的心理学案例和实验，可以让你知道哪些因素会影响人们的心理，人们的心理趋势有哪些，心理学的一些结论是如何得出的。通过理解这些，我们可以更轻松地了解人性，了解我们自己。所以，心理学其实是一门让自己了解自己，完善自己的科学。了解心理学的发展史，深入学习心理学，然后通过在现实生活中的不断验证，让你的爱情、婚姻、生活、工作都和谐美满，让你在潜移默化中体会到更多关于生命、关于心理、关于人生的哲理。

04　心理危机的概念

简单来说,"心理危机"指的是发生心理障碍。发生心理障碍又包含两个层次,一是心理状态的严重失调,心理矛盾激烈冲突难以解决,二是精神面临崩溃或精神失常。

当一个人出现心理危机时,他可能及时察觉,也有可能"不知不觉"。一个自以为遵守某种惯常行为模式的人,也有可能潜藏着心理危机。而染有严重不良瘾癖的人,则常常潜伏着心理危机。当去戒除瘾癖时,心理危机便会暴露无遗。

一般而言,危机有两个含义,一是指突发事件,出乎人们意料发生的,如地震、水灾、空难、疾病暴发、恐怖袭击、战争等;二是指人所处的紧急状态。当个体遭遇重大问题或变化发生使个体感到难以解决、难以把握时,平衡就会打破,正常的生活受到干扰,内心的紧张不断积蓄,继而出现无所适从甚至思维和行为的紊乱,进入一种失衡状态,这就是危机状态。

> 一个人最大的生存痛苦不是饥饿,而是来自各种各样心理危机的不断折磨!
> ——美国成功学大师拿破仑·希尔

危机出现意味着平衡稳定的状态被破坏,引起混乱和不安。危机出现是因为个体意识到某一事件和情景超过了自己的应付能力,而不是个体经历的事件本身。

事实上,心理危机是一种常见且正常的生活经历,并非疾病或者病理过程。每个人在人生的不同阶段都会经历危机。由于处理危机的方法不同,后果也不同。一般有四种结局：第一种是顺利渡过危机，并学会了处理危机的方法策略，提高了心理健康水平；第二种是渡过了危机但留下心理创伤，影响今后的社会适应；第三种是经不住强烈的刺激而自伤自毁；第四种是未能度过危机而出现严重心理障碍。

对大多数人来说，心理危机的反应，无论在时间上还是深度上，都不会带来生活上永久或者是极端的影响。他们需要的只是有时间去恢复对现状和生活的信心，加上亲友间的体谅和支持，能逐步恢复。但是，如果心理危机过强，持续时间过长，会降低人体的免疫力，出现非常时期的非理性行为。对个人而言，轻则危害个人健康，增加患病的可能，重则出现攻击性和精神损害；对社会而言，会引发更大范围的社会秩序混乱，冲击和妨碍正常的社会生活。如听信传言，出现超市抢购，哄抬物价，犯罪增加等。其结果不仅增加了有效防御和控制灾害的困难，还在无形之中给自己和别人制造新的恐慌源。

据心理学家分析，当个体面对危机时会产生一系列身心反应，一般危机反应会维持6—8周。危机反应主要表现在生理上、情绪上、认知上和行为上。生理方面：肠胃不适、腹泻、食欲下降、头痛、疲乏、失眠、做噩梦、容易惊吓、感觉呼吸困难或窒息、哽塞感、肌肉紧张等。

情绪方面：常出现害怕、焦虑、恐惧、怀疑、不信任、沮丧、忧郁、悲伤、易怒、绝望、无助、麻木、否认、孤独、紧张、不安、愤怒、烦躁、自责、过分敏感或警觉、无法放松、持续担忧、担心家人健康，害怕染病，害怕死去等。

认知方面：常出现注意力不集中、缺乏自信、无法做决定，健忘、效能降低、不能把思想从危机事件上转移等。

行为方面：呈现反复洗手、反复消毒、社交退缩、逃避与疏离，不敢出门、害怕见人、暴饮暴食、容易自责或怪罪他人、不易信任他人等。

下面我们来举例说明一下。

习惯性药物依赖：有病自然要吃药，可现在有很多人无病也要吃药，听信广告乱吃补药，心里不开心，就吃抗抑郁药，睡不着就吃安眠药，还有吸毒、酗酒……药物依赖者的特征是迷信药物，其依据与肚子饿了要吃饭一样，生了病或觉得自己生了病，也总要拿点什么东西往嘴里送。药物依赖是药物滥用的结果，因此是心理危机的一种表现，虽然认识到这一点的人还不多。从精神医学角度来说，吸烟和酗酒都是心理问题的表现，精神分析学说对此有过精辟的论证。

爱动物胜过一切：豢养动物多出于喜爱的动机，但也有可能是精神空虚。此类爱动物者，以动物为生活的中心内容，一切活动围绕动物而进行，为此耗费大量时间金钱。我国目前的宠物热多为炫耀摆阔心理所驱使。

精神沦为物质的奴隶：无论是物质生活贫乏还是富有，只要能使当事人心里感到空虚，精神受到折磨，这就是精神被物质所奴役了。家无隔顿粮的贫民，自然是愉快不起来的。他们看着甚至只是想象阔人们、"大款们"在丰盛的餐桌前大吃大喝，心中自然十分难熬，更有甚者会因此做出某种铤而走险的行为。与此相反，生活富裕而精神生活贫困、道德低劣的人，其内心同样十分空虚，同样可能存在着心理危机。

出国导致精神问题：公干、旅游、探亲等短期出国者较少发生心理危机，留学、移民等长期居留国外者较易出现心理问题。国与国之间的文化背景差异和社会心理冲突多发生在少数人群身上，如旅游者、移民，但旅游者往往走马观花乘兴而归，而探亲者因有亲人接应，不会因语言不通而产生孤独感，公干者多结伴而行并自带翻译。长期居留国外者的心理状态大多经历3个时期：第一是兴奋期，觉得终于实现了夙愿；第二是失望期，失望的原因一般是语言交流障碍、生活方式、价值观念、衣食住行上的差异；第三是思乡期，往往因为以往的技艺用不上，劲使不出，觉得前途渺茫。这3个时期一般需要3年，到第四年，适应能力提高，大多能走出心理危机期，安居乐业了。

经过大量的研究，心理学家还发现，人们对危机的以上心理反应大致分为四个阶段。

1. 冲击期。

发生在危机事件发生后不久或当时，感到震惊、恐慌、不知所措。如突然听到北京暴发非典，亲人得了"非典"，医护人员感染"非典"，非典患者骤增等消息后，大多数人会表现出恐惧和焦虑。

2. 防御期。

表现为想恢复心理上的平衡，控制焦虑和情绪紊乱，恢复受到损害的认识功能。但不知如何做，会出现否认、合理化等。

3. 解决期。

积极采取各种方法接受现实，寻求各种资源努力设法解决问题。焦虑减轻，自信增加，社会功能恢复。

4. 成长期。

经历了危机变得更成熟，获得应对危机的技巧。但也有人消极应对而出现种种心理不健康的行为。

由此可见，心理危机其实也是一种心理挫折，只有战胜了挫折，人才能一步步成长。当然，如果没有正确的应对和解决危机的方法，这个中的艰难自不必说。那么，该如何应对心理危机呢？心理学家给我们提出了建议：重新认知世界；积极调适情绪，即深呼吸等方法消除过分紧张、哭泣、呐喊宣泄；制定行之有效的方案来解决问题；寻求社会支持，即找人倾诉苦恼、参加社会活动、寻求专业支援。心理危机对于每一个人都在所难免，重要的是，当我们一旦遇到此类情况，应积极调整自己的心态，而不是整天压抑，到处发泄自己的情绪，让周围的人也有意无意地沾染上这种消极的情绪。

05 有趣的心理现象解析

心理现象是指心理活动的表现形式。而当某种心理现象具有普遍性，也就是说当大多数人在相同的情况下或对某种相同的刺激，产生相同或相似的心理反应的现象时，我们也称这种心理现象为心理效应。可见，心理效应既有普遍性，又带有个体的独特性。

一、人类面对信息越多选择结果越差

常言道，"箩里选瓜，越拣越差。"美国心理中心网近日报道，美国《决策与判断心理学》杂志刊登的一项最新研究显示，信息越多，选择结果越差。

美国得克萨斯大学研究人员表示，人们通常认为，掌握的相关信息越多，做出的决策就越好。而新研究却得出了相反的结论。研究人员要求参试者对电脑程序提供的 250 道题进行回答，并计算其累积得分。一部分人提前知道题目的数量和选项，一部分人不知道任何信息。结果发现，那些知道信息越多的人，得分越低。这说明，选择时，信息太多反而可能影响人们的决定。

二、女人为什么爱挽男人的手呢？

女人喜欢用身体的接触来表达自己的善意和亲密，男人和男人之间直来直去，坦荡无私，他们很少用动作来表示亲近感。

小孩子都喜欢依偎在大人身边撒娇，这是动物属性的表现。

随着年龄的增长，人在理性上逐渐成熟，动物的原始习性就逐渐退化，隐蔽到理性后面。当女人羞于或不善于用语言来表达自己的感情时，她就习惯用身体接触这种最原始，也是最直截了当的方法作为传达自己感情的手段。从这个意义上说，女人和小孩子是比男人更具动物性的。

从心理学的角度看，女子较重感情，思考问题也是凭感觉的，而且她们

的感官比男性更敏锐，尤其是触觉。所以，女人更习惯于用触觉的感受来替代语言的表达。人们在和女友约会时，不仅要用耳朵听她说些什么，还要用眼睛看她做什么。只有这样，才能更准确地洞察到她心里的真实意图。

生态语言学专家们研究发现，每个人都有一种心理上的"警觉"，即人的"势力范围"感觉。每一个人以自我为中心，并向四周扩张、形成一个蛋形的心理防御空间，一旦其他人侵入，就会引起他（她）紧张、警戒和反抗。越是陌生的人，彼此之间距离越远，身体之间的间隔也就越大。反之，则心理防御空间距离就会逐渐缩小。例如，正常的夫妻之间，父母和子女之间的关系最为亲密，所以他们之间的心理距离能缩小到零，即产生肉体间的紧密接触。

因此，如果你的女伴在走路时，总是喜欢亲密地挽着你的手，或是触碰你的身体，说明她和你的心理距离已大大缩短，她不在乎你侵入她的"势力范围"。

有的男人不理解女人这种表达亲近的方式，当女友的身体紧贴着他的时候，便心花怒放，误以为她对自己有肉体上的欲望，结果他恐怕会很失望。女人触碰男人的身体，并不完全是要进行肉体上的接触，更多是来自精神上、心理上的亲近感，她或许只是以此向你表示好感和亲近罢了。仅此而已，切莫想入非非。

三、演唱会上，为什么观众会跟着唱？

本来性格内向、羞于在人前讲话的人，看演唱会时也会跟着大声唱歌，看体育比赛时也会高声为运动员呐喊助威。同一个人在不同的状况下怎么会有这么大的变化呢？当人把自己埋没于团体之中时，个人意识会变得非常淡薄。心理学将这种现象称为"没个性化"。个人意识变淡薄之后，就不会注意到周围有人在看着自己，觉得"在这里我们可以做自己喜欢做的事情"。巨大的开放感能使自己的欲求进一步增长。反正周围也没有人认识自己，也没有人际关系的束缚，因此害羞的人在这种场合下也会大声唱歌、高声呐喊助威。此外，大声喊叫出来，也是一种释放精神压力的方法，可以使人心情舒畅。因此，有的人甚至大声喊叫上了瘾。

不过，如果这种状态持续发展下去，也存在一定的危险性。当人的自我意识过于淡薄时，就会开始感觉什么事都不是自己做的。比如狂热的足球迷，如果自我意识过于淡薄，就可能发展成危害社会的"足球流氓"。当然，"没个性化"并不会在所有情况下都能导致人丧失社会性。在保持着社会性的团体中，"没个性化"也很难使人做出反社会的行为。

心理学家金巴尔德曾以女大学生为对象进行了一项恐怖的实验。他让参加实验的女大学生对犯错的人进行惩罚。这些女大学生被分为两组，一组人胸前挂着自己的名字，而另一组人则被蒙住头，别人看不到她们的脸。由工作人员扮成犯错的人后，心理学家请参加实验的女大学生发出指示，让她们对犯错的人进行惩罚，惩罚的方法是电击。实验结果表明，蒙着头的那一组人，电击犯错者的时间更长。由此可见，有时，"没个性化"会让人变得很冷酷。

四、学会让宝贝自己解决冲突

当宝贝和别的小伙伴之间发生冲突时，父母第一反应可能就是尽快教给宝贝解决问题的办法，但是，最新的研究表明，这种方式并不能让宝贝变得更加合作，更加容易与人相处。最好的方式是不要教给他解决问题的方法，而是帮宝贝理出一条解决问题的思路，让他自己设想多种解决问题的可能。经过这种训练的宝贝在面对冲突时，会不断变换方式来达成自己的目标，显得更有"外交手腕"。

千万别和任性的宝贝较劲。小时候看起来很任性的孩子，长大后可能会是个有主见、有能力、有创新、有作为的人，不见得就是坏事。因此，当宝贝任性时，父母不要一味地和他较劲，而要采取正确的方式帮助他学会控制自己的情感，调节自己的行为。如果父母态度恶劣，看到宝贝的任性行为就严加斥责，反而对宝贝的成长不利。

五、乘电梯时，为什么人总往上看？

有一天，乘电梯的时候，我和往常一样，仰头看着显示的楼层数，突然意识到：为什么我每次乘电梯的时候都会仰着头往上看呢？而且，我看了看周围的人，发现他们竟然和我一样，也都仰着头看着显示的楼层数。难道显示的楼层数有什么神奇的魔力吗？还是有什么不可思议的心理效应在背后起作用呢？

实际上，乘电梯往上看的行为与我们的"私人空间"有着很大的关系。所谓私人空间，是指在我们身体周围一定的空间，一旦有人闯入我们的私人空间，我们就会感觉不舒服、不自在。私人空间的大小因人而异，但大体上是前后0.6~1.5米，左右1米左右。据调查数据显示，女性的私人空间比男性的大，具有攻击性格的人的私人空间更大。在拥挤的电车中我们会感觉不自在，就是因为有人进入了自己的私人空间。电梯是一个非常狭小的空间。在电梯中，人与人的私人空间出现了交集，也就是说互相感觉到对方进入了自己的私人空间，所以会感到不舒服，都想尽早离开电梯这个狭窄的空间。向上看正是想尽快"逃离"这个狭小空间的心理表现。

此外，盯着显示楼层的数字看，不只是为了确认是否到了自己要去的楼层。当我们急于离开这个狭小空间时，不停变换的数字能让我们感到电梯在移动，让我们感觉到自己是在向"解放"前进，从而缓解焦急的心理。

六、路见不幸，为什么不愿出手相助？

在地铁中或马路上见到有困难的老人，其实每个人心里都想去帮他们一把可是，真正采取行动的人却很少。难道是因为城市里的人比较害羞吗？确实有这个因素，但其所占比例相当微小。

有另外一个心理原因，使我们不愿伸出援助之手，那就是当周围有很多人的时候，我们心里就会想：即使我们不去帮助他，也应该有人会出手相助。这其实是一种依赖别人的想法。在心理学上，这种现象被称为"林格曼效应"德国心理学家林格曼曾经做过一个让众人拉网的实验。结果，每当拉网的人数增加，每个人出的力就会减小一点。原本，我们认为人数的增加会发挥相乘效应，即每个人出的力会增加，但实际上并非如此。当人数越多时，人就越会感觉"我只不过是其中一分子"，于是拉网的时候就不那么卖力了。有别人在场时，人总会想："即使我不求救，也会有别人求救的。"在现实社会中，有困难的人得不到救助，很多情况下都是这种心理效应起作用的结果。

第一章　心理学的魅力

先读懂自己，再读别人

《道德经》有言："知人者智，自知者明。"读懂自己的人，才能做到"别人赞我，与我未加一丝；别人损我，与我未减一毫"的从容；而了解别人的人，方可知"你站在桥上看风景，看风景的人在楼上看你"的乐趣。

01　保持一颗觉察的心

在物欲横流、野心当道、个体孤立主义盛行的今天，我们不得不承认，任我们的意志百般坚强，也不可避免地受到以上这些意识的冲击和影响，意志不坚的人甚至变得浮躁、焦虑、进而迷失自我。在此种境况下，保持一颗觉察的心，深入地认识自我便显得尤为重要了。最近两年，幸福心理学教授本·沙哈尔的课程被网友疯狂转载，许多出版社也纷纷出现心理学选题风波；佛教、禅宗方面的书籍开始受到越来越多人们的青睐，许多中外哲学、心理学以及神学界人士的思想被重新再版，诸如，肯·威尔伯、静香·贝克、杰克·康菲尔德，以及印度的克里希那穆提等。

以上这些都说明一个问题，人们已经意识到心理上的一些问题，并开始寻找解决问题的办法。

心理学家认为，要解决心理上的疾病，人首先要学会保持一颗觉察的心，然后才能了解自己，了解他人。假若我们学习保持一颗觉察的通透的心，带着禅味去生活，便可在城市的喧嚣中拥有一分自由。

人们常说，旁观者清。生活中的我们，多数时候内心都是封闭、紧缩和以自我为中心的。就是因为如此认同这个紧缩的自我，所以我们无法发现真正的自己，这个与世界隔离出来的我，把外在的一切当作自我生命的对立面，这样的生命显然不能展开自己，而是把自我完全孤立在肉体的牢墙中。事实上，人们容易陷入身心事务当中而忘记觉察。如果能够身体力行地进入觉察，人们不难发现，建立这种时时刻刻觉察的心，可以大幅提高智慧；同时，持有一颗觉察的心，在世间的层面上也有很大的帮助。

康菲尔德也说过：要做一盏照亮自己的灯，我们必须找出自己真正的路。

保持对当下的觉察是一项十分重要的能力,需要培养才能形成。心的习气是牢固的,每当我们面对事物时,可能会一再地忘记觉察。以往形成的不良习惯阻碍当下的觉察,对此,只有不断地重拾觉察,培育新的觉察习惯。每当意识到自己并未觉察时,只要振作起来,重拾觉察即可。不要因此而谴责自己,其实,能够意识到自己并未觉察,已经是在觉察了。

心从目标上跑开了,那是正常的,只要觉察到这种情形,其本身就是一种觉察。让心培育出一种观照当下的态度。建立觉察的习惯需要从当下这一刻开始,一次一次地训练对当下觉察的能力,久之,这项能力就会被开发出来。

觉察的重点在于当下,面对当下的身心,保持专注,这就是觉察了。当你喜悦时,觉察它;当你生气时,觉察它;当你愤怒时,觉察它;当你平静时,觉察它。觉察意味着没有评价,真切地对当下的情形留心察觉,就是觉察。

假如我们觉察念头,会看到它流动不止,如果你不干扰它,只是留心地看着它,这就是觉察了。面对念头,当你能够反复地进行觉察,那些喋喋不休的念头就会失去一部分力量,它对你的干扰会减弱,这是因为你使用了觉察。我们知道,那些无休无止的念头与觉察出于同一源头;若能保持觉察,那些念头的力量会被削弱,觉察会更有力。在持续的训练下,那些制造念头的力量会有一部分被转化为觉察,这就是转化——更多的能量被转化为觉察的力量。

从根本上说,觉察的力量来源于人的内心。如果心把更多的关注点放在念头的制造上,那么会有更多的念头被滋生出来;在人们还不清楚念头的本质时,诸多的念头会给心带来混乱。但当你倾注力量进行觉察时,心的力量被调动在觉察上,念头的力量被削弱。你将体会到,觉察的力量愈强,念头的力量愈弱;在强烈的觉察下,念头就会显出它的基本状态,念头变得单一而清晰——这是觉察的结果。

现实中,许多人想尽办法,希望自己的心能够清净一些,能够不受念头的干扰;在这方面,最好的方法是面对念头,不评价,不抵抗,只是觉察。人们心理上的诸多问题与弱点,都与不了解念头有关。当我们太过执着念头的内容,烦恼会不断地被引生出来;而觉察念头,就可以了解念头的本质,同时也可以阻止烦恼在当下生起。我们可以在自己内心进行测试，只要你对念头保持觉察，念头的力量就会被削减，执着的情形同时也会减弱，而烦恼很难从你的觉察中生起。

也许你会认为，这种觉察也许会让你丢失一部分意念，丢失的意念可能会有价值；但有经验的人会认为，意念并非越多越好，诸多错误与混乱的念头缠绕在一起，并不会制造智慧，反而是产生错误的源头。只有智慧才能带来平静，清净的心理是产生智慧的最佳环境。

观念就是发现念头的整体运作模式与结构，不再受它的迷惑，不再身陷其中而受念头的束缚。如果你发现自己已经深陷意念之中，只要立刻重拾觉察，当下你就能保持清醒，远离烦恼，并继续你的工作。觉察并不需要另外花费时间，在工作与生活的同时，觉察与其同时进行，它们互不相碍。

对当代心灵繁杂的人来说，只要能时时对自己的一言一行保持觉察，就能更加深入地认识自我。我们一直在拥有某种想法，却不知道它的本质；假若在你使用这种想法的时候你能觉察它，那么，你真正的智慧将从这种觉察中升起。

02　学会察言观色

哲学上说，观察要由此及彼，由表及里。观察一个人亦是如此。通过察言观色来揣摩对方的行为，可以从观察对方的举止言谈，揣摩对方的状态神情出发，然后捕捉其内心活动的蛛丝马迹。

中国古代军事家认为"知己知彼，百战不殆"，意思就是要了解自己的对手，透视对方的心理。与孙子齐名的古代军事家吴起曾这样说过："凡是战争开始，首先必须了解对方将领的个性，然后才研究他的才能。"换句话说，面临战争的时候，应先调查敌将，然后才观察他的能力，依对方的状况来运用适当的手段，这样就能稳操胜算了。下面我们举出吴起所提出的几项战争策略供各位参考：

如果敌人是一个自身没有主见，且喜欢人云亦云的人，我们可以用各种方法引诱他，使他暴露意图；贪婪而不知耻的人，可以用财宝收买他；单调而不重视变化的人，我们可用策略来使他疲于奔命；敌将如果奢侈浮华，不顾部下的贫困，我们可以利用他的部下，使他们内部分化；敌将如果是犹豫不定，毫无主见并使部下无所依靠的人，可用恐吓的手段使他们惊逃。

战争是一门复杂的学问，"胜"与"败"谁也预料不到，所以说有"胜败乃兵家常事"这样流传千古的话。但是，如果能透视对方，并运用适当的策略，就能胜算在握。同样的道理，把它运用到人与人的关系中，效果也是一样的。

崇德七年，明朝大将洪承畴在松山战败被俘。皇太极极力劝其投降，但洪承畴誓死不降，骂不绝口，表示只求速死。皇太极无可奈何，只得烦劳范文程前往劝降。

范文程是清王朝的开国元勋，著名的谋略家，宋朝名臣范仲淹的后代，祖辈移居沈阳。他原是明朝落第秀才，满腹经纶，有智谋，有远见。努尔哈赤兴起后，范文程在抚顺谒见他，对策论学。纵横古今，受到努尔哈赤的重视。

范文程去看望洪承畴，且不提起劝降之事，只是天南海北、说古道今地随便闲谈，从中察言观色。说话中，梁上积尘落在洪承畴衣襟上，洪承畴这个决意将死之人，却几次轻轻将落尘拂去。这个下意识的动作，他人不会留意，却逃不脱明察秋毫的范文程的目光。他由此判定洪承畴必可说降。他向皇太极蛮有把握地报告说："我看洪承畴是不会死的。他连自己的衣服都那么爱惜，更何况自己的性命呢！"

皇太极闻听此言大喜，洪承畴一松动，对他统一中原是十分有利的，果然事情不出范文程的意料之外，经过孝庄皇后美人计和巧妙耐心的劝降活动，一向自视为明朝最后一位忠臣的洪承畴，最终还是俯首就范了。范文程由表及里，观察入微的看人之术，通过细致观察外部特征，推测其心理活动，达到神奇绝妙的地步。

人的个性随处可见。如果你在生活中仔细观察，你一定会发现不同个性的种种表现。一个看人高手，能够通过对方微不足道的表面现象，来了解一个人的内心世界。

要透视别人，首先要从什么位置去透视他，这是一个很重要的问题，无论多么敏锐的眼光，只要与物体太接近，焦点便不容易调到合适的位置。不能保持一定的距离，镜头就无法发挥它的功效，所以我们还是从各种角度来观察事物比较恰当。

想操纵别人的人，很容易忽视一些周围的人。其实，别人同时也在观察你！如果你忽略了这一点，只顾观察对方，那你一定会招致种种的失败。

喜好谈论别人的人，在他的言谈举止中，同时也在接受别人对他的观察。人们从他批评别人的证据中，就可以大致看出他的人格。

透视别人像一把双面刃的刀，用得不好，自己也会受伤。还有一点要补充——如果情况特殊的话，也不必太注意别人的反透视了。假如你是一位领导,你同时要观察好几个部属,但是正如前面所说的,他们也正在设法了解你、观察你。你只有一双眼睛,而对方却有好几双眼睛。这时,如果你过分注意别人,那你就不能客观地观察他人。像这种情况,只要了解相互间的作用就行了,因为与其过分地关心,还不如听其自然发展来得逍遥自在。

大多数观察人的高手,他们以对方的外表、服装及细微的动作为线索,巧妙地掌握对方的性格或生活状况。譬如,从对方的右手中指上有老茧,指头上沾有墨水,衣服的肘部磨得油光,可推测该人从事案头工作;又如看对方的背影,右肩下垂而且身上发出消毒药水的味道,则揣测是牙医……

有经验的推销员或店员,通常是鉴别初次见面者身份的天才。譬如,在日本发生的运钞车被袭案件中,发现犯罪嫌疑人可疑迹象的东京证券公司某员工,就采用了表面观察的方法。

通过对一个人的气质、个性、品格、学识、修养、阅历、生活等方面的综合分析,可以从一个人的情绪活动特征上,看出一个人内心深处的潜意识举动。

我们常可见到同一工作单位中,同事之间彼此不和睦,闹得很不愉快。原本在同一单位工作,应该要团结合作,保持联系,但有了种种不愉快后,便极容易降低工作效率,也会影响当事人的前途。

造成这种不睦的原因之一,就是因为同事之间彼此误解,以自己的心揣测对方的心,用自以为是的方法解释对方的言行。

所以,上班族的人,在工作中要极力调和与同事之间的矛盾,通过磨合达到维持融洽关系的效果。要做到这一点,首先就应具有操纵对方意图的素质。在与对方言谈之间,迅速把握他的思维走向,才能使工作得到顺利地进行。

潜藏在人内心的冲动、欲望等,会通过言行表露出来,所以要了解对方意图可借观察言行,来读懂他的心思。

作为一个成功的推销人员,最需要的本领就是能操纵顾客内心的意图,这种本领对于推销员来说是非常重要的。

能准确读出对方心思的推销人员,通常都具备下列条件:

第一就是特别能活用以前的经验。属于这类型的人。多半是从业人员，积累了不少经验更好地进行推销工作。这类型的读心术，也可以说是靠直觉（第六感官）而来的。虽然透过经验以直觉来判断，并不具备真正的科学论证，但往往都是最有效地掌握对方心理的捷径。

第二是自己能控制自己。所谓自制，绝不是在与人相处的场合。有意识地抑制自己。真正的自我控制，并不是本人有意识的控制。而是无论处在什么状况下。都能不依靠别人的力量。以自己的力且控制心态。同时不掺杂感情的因素。

第三个条件就是必须学习心理学方面的知识。俗话说。好的推销人员是半个心理学家，人的言行即代表个人的意志。因此要了解对方的心。只要观察他们的言行。就可以看出端倪。人在做事、说话之前。是因为先有意志，才会表露于言行的。但事实上在他未表现言行之前，必然会先有某种意志。

推销员如果能运用此高明方法，首先就要让对方感受到自己的诚实。但所谓诚实，并不是指在顾客面前摆出一张哭丧的脸，或伴装热衷于事业之类的玩弄花招，最好的办法就是首先脱掉自己心中的盔甲，也就是将自己未曾武装的心，展现在顾客面前，这样做顾客才能安心，撤除内心的藩篱，这就是推销人员的必备素质。

在各个场合无意之间都可以暴露出一个人的性格、愿望或生活状况。训练自己从生活琐事中掌握对方心理，可以说是促使自己圆满处理人际关系的重要条件。

因此唯有利用从现实生活中学到的知识来观察，才能更准确地分析人心并操纵人的本质。

打麻将的高手，总是能把自己的真实意图隐藏好，使对手很难识破自己的策略，是装傻隐藏真实意图的最好方法，这样做可以使对手疏于防范，有利于自己计划的顺利实施。而在现实生活中，一些人就是应用这种方法，把自己的意图掩盖起来，去探知他人的心理。《韩非子》中曾有过这样一句话："去好去恶，群臣见素。群臣见素，则人君不蔽矣。"意思就是，君王如果不显露自己的真实情感，群臣就会显示出自己真正的面目，一旦他们露出真面目来，君王就不会被他们外在的表现所蒙蔽。

楚庄王主政三年了，不理国政，只是喜欢一些隐语玩乐，社稷濒于危险，但这只是表面的现象，庄王是用这种方法来测试他的臣子的真实想法和忠奸。

当时不少进谏的人，都被楚庄王撵了出来，一些小人趁机讨好庄王，一时间声色犬马，无不用其极。士庆是庄王的臣子，被认为是进谏的最佳人选，可是士庆上朝，一拜再拜后，进言说："有一则隐语说，有只大鸟，栖息在南山的南面，三年不飞也不叫，不知道是什么原因？"

庄王说："你可以走了，我自己很清楚原因。"

士庆说："臣说也死，不说也死，希望能听一听原因所在。"

庄王说："此鸟不飞，在丰沛它的羽翼；不叫，在于观察群臣的是非对错。这只鸟虽然不飞，一飞必然冲天；虽然不鸣，一鸣必然惊人。"

士庆叩头拜说："所期望的已经听到了。"

庄王非常高兴士庆提出的问题，于是就任士庆为令尹，授给他相印。

通过这个故事，说明这个道理，不仅限于君臣之间，一般的人际关系也都应用得上。一个人常表现虚心无欲的态度，就能减少别人对你的防备心理。一个人将自己的好恶显示出来，尤其是作为一个领导者，下属会为了迎合他的意思而改变自己的行动，那么，领导就无法看清下属的真实的本来面目，如此一来，就会产生看人上的忠奸难辨的困扰。

君王一旦将自己讨厌的事泄露，臣子就避免做出令君王厌恶的事；一旦泄露了自己爱好的事物，臣子就会千方百计钻营奉承。换句话说，君王所显露出来的好恶倾向，就是臣子们巴结逢迎的依据。

子之因为迎合子哙的喜好，而趁机篡夺了王位；竖刁和易牙，也是利用同样的手法，夺取了桓公的实权。那么，这些君王的结果如何呢？子哙由于臣下叛变而被杀，桓公被杀之后，直到尸体生了蛆都没有人将他埋葬。

战国末期的大政治家韩非子，对于透视人心的方法，运用得更为彻底，韩非子特别重视透视人心的方法。

《韩非子》一书中，有五项论及透视人心的方法。这五项透视人心的方法是：

（1）必须以事实对照言语。

只听臣下的报告，而不用事实来证明，很难明白真相。

（2）给每个人表现的机会。

对于能力的评判，要看他单独工作的具体表现，在透视人心时，要让每个人都有单独表现的机会，才能公平地观察各人的实际本领。

（3）故弄玄虚探知究竟。

要想在三秒钟了解一个人的心理变化，可以通过手段上的变化，来考其究竟。

（4）以若无其事的方式探其虚实。

要想了解一个人，可以对明明知道的事假做不知，也可以达到试探对方的目的。

战国时期的韩昭侯有一天在剪指甲的时候，故意将一片剪下的指甲屑放在手中，然后命令近侍："我把刚才剪下的指甲屑弄丢了，心里毛毛的，很不是味道，快点帮我找出来。"

于是他的属下一片混乱，纷纷地寻找那片不曾丢失的指甲屑。结果是忙碌一阵之后，谁也没有找到。就在这时，有一位近侍偷偷地剪下自己的指甲呈上，说自己费了好大力气，总算不辱使命，找到了丢失的指甲屑，昭侯由此发现了一个说谎媚上的人。又有一次，昭侯命令属下四处巡视，察看是否有事发生，结果属下回报四下都没有动静，请昭侯放心。其实，昭侯早已得知了南门之外，有人打架滋事的事件发生了。经过昭侯再三追问，那名属下只好如实奉告。

昭侯听完之后，命令报告的人不准泄漏这个消息，然后派遣其他的人出外巡视，并且告诉他们：

"近来发现有人违反禁令，有打架闹事的行为，你们速去探知，快来回报？"

不久之后，所有的调查报告都呈了上来，但其中并没有一件是关于南门外事件的报告，昭侯于是大发雷霆，命令属下重新严加调查，终于查出了南门外发生的事件。

从此，部下都畏惧昭侯料事如神的能力，再也不敢马虎从事了。

（5）故布疑阵探人心。

现代企业中的领导，为了了解下属内心世界，常使用布疑阵的方法，试探下属的虚实。

一个部门经理为了试探下属对他的忠实程度，有意放出风来，说总公司要查处部门经理的工作失误问题，近期就会展开调查某某，部门经理佯装不知，他的某些下属为了能在部门经理可能下台之后，获得升迁机会，就开始大肆活动，并诋毁部门经理，无中生有地说他许多工作和私人的坏话。部门经理一一听在耳里，通过布置这个疑阵，他探知出他属下中不少人的真实面目。

总而言之，学会察言观色是现代人生存必须学会的一门技术。作为察言观色的主题，在关键场合中也该收敛自己的"颜色"，自己虽有智慧也不露出，让他人去想、去思索；自己有才能也不要亲自动手，静观他人的行动表现。唯有隐藏自己的锋芒，才能见到别人的光彩。

03　读懂第一印象

我们都知道第一印象的重要性。生活中，我们总会遇到许多陌生人，有的机会也许就在于与陌生人的一面之交。人们常说的"一见钟情"其实也是根据第一印象才形成的一种心理冲动，毕竟第一次见面不可能看出一个人的内涵、教养和学识一类的东西。

卡耐基曾说：第一印象的重要性相当于之后交往印象之和。可见第一印象的重要性。

往往我们与人初次见面时，都必然会在不知不觉中给对方打下某种印象，譬如"此人很不友善""此人很直爽"之类的印象。这是将对方跟自己的经验相对照，并以其体格、外貌、服装等为基准，从而使自己对方产生的一种观念。

当然，如果对对方的第一印象一旦成型，就很难修正，即便能修正过来，也要花费很长时间，很大力气。比如《傲慢与偏见》中的男女主人翁一样。

乍然进入到一个新环境，每个人都会有紧张、陌生之感，只要抓住人人都注重先入为主这个特点，从一开始就树立良好的第一印象这一策略，保证你万事如意。

假如你与一个人萍水相逢，互不了解，当你闯入他的世界的时候，你的外在形象首先毫不客气地作为第一信号打入了对方的眼底。机敏的人能够在几秒钟内凭着心理定式给你对号、打分，而且这种自我经验又极其固执，人们的特点是最相信自己的最初判断。有的人费尽心机，却一辈子老不景气；有的人办什么事都那样得心应手，物顺人从，似乎鸿运天降。其中的奥秘就在于其人的整体"形象"起了举足轻重的作用。

人际交往的初次印象，往往是非常强烈、鲜明的，并且成为正式交往的重要背景。一对结婚多年的夫妻，最清晰难忘的，是初次相逢的情景，在什么地方，什么情景，站的姿势，开口说的第一句话，甚至窘态和可笑的样子都记得清清楚楚，终生难忘。

初次印象包括谈吐、相貌、服饰、举止、神态，对于感知者来说都是新的信息，它对感官的刺激也比较强烈，有一种新鲜感，这就如同在一张白纸上，第一笔抹上的色彩总是十分清晰、深刻一样。随着后来接触的增加，各种基本相同的信息的刺激，也往往盖不住初次印象留下的鲜明烙印。所以第一次印象的客观重要性还是显而易见的，并在以后交往中起了"心理定式"作用。给人的第一印象如果是呆板、虚伪、不热情，对方就可能不愿意继续了解你，尽管你尚有许多优点，也不会被人接受？而如果给人留下的印象是风趣、直率、热情，尽管你身上尚有一些缺点，对方也会用自己最初捕捉的印象帮你掩饰短处。

社会学家发现，人们对在公众场合总趋近衣着整洁、仪表大方的人，或衣着略优于自己的人会留下较好的第一印象。

另外，一个人有没有才气最容易从讲话中表现出来。有才气的人一张嘴，那准确的语义、逻辑的力量、丰富有趣的内容立即会吸引对方。相反,吐字模糊、夸夸其谈、内容平庸都对人产生不了吸引力。

在留给人的第一印象中，容貌是首先被纳入视线的，与人接触，交往最初的印象还是容貌，它是递给人的一张醒目的名片。

容貌实际上是两个概念，一个是"容"，一方面指手足、腰背、乳脐等；一方面指人在坐、卧、行、走等方面显出来的举止、情态，以及言语谈吐、喜怒哀乐等。细分一下，"容"有两个方面的内容，一指身体的静态表现（如前所述）；二指身体的动态表现，即举手投足。通过"容"的静态，可以发现人的外在美，可悦人一时之乐，因此会对某人有着美好的印象；通过"容"的动态，可以发现人的品质和能力。

"貌"是指头面上的形象状貌，如日、眼、耳、鼻等等的动态与静态显示的个性特征，从广泛的意义上讲，"貌"不仅是指脸部，而是整个头部，包括印堂、下巴等。"貌"本应属"容"的一个组成部分，由于人的精、气、神主要体现在面部，因此把"貌"单列出来，与"容"相提并论。"貌"也包括两个方面，一是构成"貌"的口、眼、耳、舌、鼻等具体的人体器官，它是"貌"的物质部分，即基础；二是这些器官表现出来的情态，是脸的精神表现，也属有形无质的虚像。这种动态的"貌"就是情态。由于情态在考察人物内心活动中的重要作用，古人说面部是"列百部之灵居，通五府之神路，推三才之成象，容一身之得失"，所以人心里的真实想法会从面部表情中流露出来，隐藏得再深的秘密，也能够发现，只要看人者有着敏锐的观察力和强烈的探索精神。

把人的外部形象分为"容"和"貌"两部分，是为了有利于理清鉴别人的行为活动的脉络和层次；将人的外形特征分为"容"与"貌"两方面，其目的是克服泛泛而论的窠臼，不至于流于宿命论。

第一印象固然有它积极性和正确性的一面，作为一个社会人，要努力争取给别人一个最佳的第一印象的同时，也要注意保持这种良好的第一印象。

古人说"相由心生"。这其实是饱含人生经验的一句话。心志高的人，面容常伴奋勇之色，心高气傲的人，脸上常挂旁若无人的神色。

神色与形象美其实没有直接联系，有人却把相貌美丑作为看人的标准。

貌丑的人，看了的确让人不怎么舒服，但不能因此就轻易地把人否决了。邋遢道人张三丰就不注意衣饰外貌，也不讲卫生，但却有着举世奇绝的胆识气概。"貌"的美丑不能当作鉴人的标准，据说大圣人孔子鼻孔上翻，却不妨他成百代之圣。可惜许多看人者，拂不去心中的美丑情愫，爱屋及乌，恨人及里，只因相貌美丑，张松、庞统这样有绝世才华但相貌丑陋的人也因为看起来不顺眼被赶跑或冷落之。

看人之道，在于能透过表面现象，用慧眼操纵人的本质，千万别做"悦于色，恶于德"的傻事。

古人说："肤表不可以论中，望貌不可以核能。"这正是在告诫人们外貌仅是表象，从中看不出人的品德才能，所以千万不能因外貌而对别人做出某种评价。孔子这人能知错就改，他曾以言语来看宰予，以相貌来看子羽？后来他发现自己都看错了，于是说"吾以言取人，失之宰予；以貌取人，失之子羽"，公开承认了自己的错误。子羽即澹台灭明，比孔子小39岁，欲拜孔子为师。因为长相丑陋，所以孔子看了他那副尊容，认为难以成才，没有多大出息，只是由于他是孔子学生子游引见过来的，就没有轻易地拒绝，最终让他留在身边学习。子羽在孔子那里学了三年，通过几年的交流，孔子对他逐渐改变了原来的看法，知道子羽是个貌丑而才高的人物。子羽学成之后，南下楚国，设坛讲学，使儒家的学说在南方成为一个很有影响的学派。

所以，观察人物时，取人外表长相的美丑，不如考察其心灵的优劣。

一代传奇人物曾国藩看人就侧重考察其神色、情态等，比如他识别江忠源、刘铭传等。他的幕僚罗泽南"貌素不扬，目又短视"，骆秉章"如乡里老儒、粥粥无能"。如果曾国藩以貌取人的话，是不会重用这二人的。对于看人，曾国藩在是否以貌取人上面，要比曹操、刘备高出一筹。他善于看人的原因主要在于能观人于微，并且积久而有经验。所以他在夹袋中储藏了不少人物档案，一旦需用，便能从容地按其才能委以不同的任务，而且能一一胜任。

由此可见，人的第一印象不能取决于人的美丑与否，而在于人的神态和气质，是自信还是自卑，是从容还是徘徊犹豫，是优雅清灵还是霸气外露。一个气质强的人很容易让别人忽视他的外貌，只感觉到他强大的气质气场。所以，我们平时要注意培养自身的气质，从而给别人留下一个良好的印象。

04　表情背后的大文章

表情是人的第二张脸，它的各种变化都将人的心理活动显现出来。

据说人的面部有43块肌肉，基于人们不同情绪，会形成"愉快"和"不愉快"两种基本表情。心情"愉快"的人，面部的肌肉松弛，而心生"悲哀"的人，自然会满面沮丧、伤心落泪。有的时候表情比言语更能明显地表达心理的动态。

常见的，当自己的狗狗遇到不熟悉的人时，会龇牙咧嘴，让对方不敢靠近；当黑乎乎的屋子里突然变得明亮地晃人眼睛的时候，我们会习惯性地皱起眉头来挡住点阳光，以便看清发生什么事了。当然，人类发怒时，也会咬牙切齿，横眉瞪眼，如古人所说的"怒发冲冠"就是很形象的例子。

人类与动物表情不同的地方在于，动物不会隐藏心思，它们的情绪都清晰地摆在脸上。人类则不同，很多人往往把自己的心思藏得很深，脸上总是不动声色。在当今社会，表情对于人来说，有可能是对心情的写照，也可能只是一种沟通交流的方式。虽然不同的国家、不同的肤色、不一样的语言，可以用笑脸传递共同的心愿。然而，表情也具迷惑性，稍不小心，我们就会被表情蒙蔽，作出错误的判断。知人知面不知心，可见古人很早就意识到这一点。看到一只龇牙咧嘴的狗，我们可以确定它是愤怒的、有恶意的；但若是见到一个笑容满面的人，我们却不敢肯定他是不是"笑里藏刀"。这一切都是因为：表情可以人为控制，文明礼仪需要一张"面具"，人有自我保护的本能。

虽然人们总是努力压抑自己的表情来掩饰自己的内心，但面部的细微表情还是会出卖他们，所以只要我们能够学会如何观察人的表情，也就可以读懂潜藏在人心中的秘密。

生活中常常可以见到这样的例子：当一个人竭力想要控制发怒或忍耐不愉快的事时，精神会绷得很紧，表情也会随之僵化，甚至出现面部痉挛。所以当我们在情绪高昂时，精神的紧张度有所增加，这时如果内在的情绪没有外露，肌肉就会变得紧绷，必定会通过某些细节表现出来。如过分地皱眉、不停地眨眼、不正常的面部抽动、鼻尖出现皱纹等，这都是被压抑的情感在无意识地表露。总之，通过这些不均衡的表情，我们可以初步判断这个人正在隐瞒自己真实的情感。

脸上的细微表情往往会出卖说话人真实的感情。看破别人意图的关键在于对脸部和手部动作的观察，特别要注意眼和嘴周围肌肉的动作。比如说，当人觉得自己撒谎成功的时候，嘴角会微微上翘。这种被称为"微表情"的表情只持续不到005秒。只要善于发现，就能经常注意到这种"微表情"，比如说谎时面目表情不对称、频繁眨眼等。

有时候，人们为了掩饰自己的真实感情，常常做出一些与自己习惯相悖的小动作。比如，当一个女孩对一个男孩产生爱慕之心时，由于羞于对自己爱慕的对象表现得过于露骨，也不想让第三者知道，这就使她进入了左右为难的状态。所以，当你喜欢的对象对自己露出这样毫不关心的表情，而非厌恶或戏谑，就说明他（她）心中在乎你，此时就可以继续向他（她）传递自己的心意。又譬如有的人明明清楚对方提出的问题，却说"我怎么知道"，此时多半他（她）的一边眉毛正往上扬。

每人都有一张脸，脸上有眉毛、眼睛、鼻子、嘴巴，但是由于五官的排列或所占的位置比例不一样，再加上脸上的五官可以任由人的心、脑所牵制，所以起变化出来的脸色也就不一样。

有的脸色你选择忽略不看，比如售货员的脸色。如今的商品琳琅满目，商店比比皆是，你没给好脸色我大可不买你的，换到别家去买。但是，有的脸色你却不得不看。比如你的上司的脸。你几乎每天都在他的公司干活，你是非看不可的。再就是关起门来的一家人，你每天吃喝拉撒在一起，抬头不见低头见，这其中只要有一张脸摆起了面孔，那其他人员的心情就不会好到哪儿去。

好语一句三冬暖，恶言相向四面寒。每个人都在都想习得好的说话技巧，却忽略了和颜悦色的表情其实最温暖人心。《论语》中有这样一段对话：

子夏问孝。

子曰："色难。有事，弟子服其劳；有酒食，先生馔，曾是以为孝乎？"

这句话的意思是：子夏问："怎样做才是孝道？"孔子说："最难的是在子女的脸色上。如果遇有事，就由年轻人去操劳，而对于老年人，就只关心他们有没有吃饱吃好，难道说这就是孝了吗？"孔子的话说明了脸色也就是表情的重要性。仔细想想，孝道的最难之处不就是每天都能对自己的父母和颜悦色吗？

我们要给人以好脸色，自然也要学会看人家的脸色。父母看孩子脸色，孩子看父母脸色，上学看老师的脸色，就医看医生的脸色，工作看上司脸色，人生在世，就必须看别人的脸色。相应的脸色是一个人喜、怒、哀、乐的写照，脸也是一个人的"面子"所在，考虑到了别人的面子，就会顾及他人的感受，适时给人台阶下。

曾有一位工程师朋友，在一家建筑公司上班，工资很高，福利也好，但是他总想辞职。原因无他，老板每天摆一张臭脸，闹得公司整天低气压，就怕哪天自己被憋的爆发了。

由此可见，人的脸色对周围的影响甚大。自己看不到自己的表情，别人却要时时刻刻地面对你。你的脸色往往会影响到别人的心情，有时甚至会传染给别人，会剥夺别人的欢悦和快乐，同时也会给自己带来不悦，只有弊而无一利。所以我们要努力学会控制自己的表情。愉快的心情可以传达给大家，但是压抑烦躁的时候，请放宽自己的心，想想开心的事。

05　微笑的魅力

　　微笑最显著的特征就是它的感染力。当你向某人微笑时，无论真假与否，对方都会自然地回馈给你一个甜美的微笑。我们利用微笑告诉其他人，自己不会给他们带来任何伤害，希望他们能够从私人的角度接受自己。

　　笑的方式不同，代表的含义也不同。因此，由笑的不同方式而识别一个人的内心动态，是最省事、最直接的方法。

　　在诸多的笑的方式当中，人们认为"微笑"是最好的。波拿多·奥巴斯朵丽在《如何消除内心的恐惧》中说："你向对方微笑，对方也报以微笑，他用微笑告诉你；你让他体验到了幸福感。由于你向他微笑，使他觉得自己是一个受别人欢迎的人，所以他也会向你报以微笑。换言之，你的微笑使你感到了自己的价值地位？"

　　于是有人把"微笑"比喻为交际中的"通用货币"——人人都能付出，人人都能接受。

　　那么，如何辨别一个人是在微笑还是假笑呢？

　　心理学家一语道破了其中的奥秘：虚伪的微笑存在两大无可掩饰的"秘密"。首先，真实的微笑应该牵动嘴角往上的颧骨肌和环绕眼睛的括约肌。由于大多数人不能自觉地牵动这些眼部肌肉，因此假笑者只能牵动嘴角，眼睛却是无动于衷的。其次，"秘密"是假笑者的笑脸出现不对称的现象。一般来说，他如果是一个左撇子，则他的右半脸特别强烈，而如果不是左撇子，那么他的左半脸会尤其做戏。其实，真笑和假笑在婴儿时期就表演得清清楚楚了，一个5个月的婴儿就能用两组肌肉群对他母亲发出会心的微笑，但对一个完全陌生的人却只运用颧骨肌微笑了。

复杂而多样化的微笑，就蕴藏着很多发自性格——意味深长的众多信息，值得我们去加以探索。

除了微笑之外，人们习惯上还有几种笑的方式：

普通的笑。这一类笑平常，不特别，不会太大声，显示这个人喜欢群众。这表示说："你很努力但不争功，你很有耐性，心地好而可靠，是一位非常好的朋友。"

轻蔑地笑。笑时鼻子向天，神情轻蔑，往往是人在笑他也不笑，或只略笑几声。这表示说："你看不起每一个人，这其实是自卑感作怪，要把他人压低而抬高自己，你不会有很多朋友。"

鼻笑。这是从鼻子里哼出来的，因为你要忍住笑，便忍进了鼻子。这表示说："你倾向忍笑显示你为人怕羞，不想让他人注意，你同时也是谦虚体贴的，喜欢按本本办事，你很重视他人的感觉，而他人也会喜欢你的细心。"

偷笑。这是很低的笑声，也不长，有时别人未必听得到。这表示说："你常常看到一件事情的有趣一面，而别人未必看得到。别人喜欢你，因为你容易相处。"

紧张的笑。笑时慌张，忽然停止，看看别人继续笑便也笑。这表示说："这也是自卑的表现，缺乏自信心，笑也怕笑得不对，怕人笑你笑。你应改变一下自己，用不着太担心别人对你的看法，人是有权笑的，即使别人不觉得好笑，你也有权觉得好笑！"

此外，有一种人一笑就掩口，这也是因自卑感，不过有不同情况，可能只是因自己的牙齿不好看或自知口臭。但如没有这两种毛病，就是发自内心的自卑，与紧张的笑相同。

总之，无论是哪一种笑，它的背后都有极高的含金量，由笑的不同方式而识别一个人的内心动态，是最省事、最直接的方法。

捧腹大笑的人多是心胸开阔的，当别人取得成就以后，很少产生嫉妒的心理。在别人犯了错以后，他们也会给予最大限度的宽容和谅解。他们还极富有爱心和同情心，在自己能力范围许可内，对他人会给予适当的帮助。他们不势利眼，嫌贫爱富，欺软怕硬，比较正直。

经常悄悄微笑的人，心思非常缜密，而且头脑异常冷静，在什么时候都能让自己跳出所在的圈子以外，作为一个局外人来冷眼观察事情的发生、进展情况，这样可以更有利于自己做出各种决定。他们很善于隐藏自己，轻易不会将内心真实的想法透露给别人。

平时看起来沉默少语，而且显得有些木讷；但笑起来却一发而不可收，或者经常放声狂笑，直到连站都站不稳了，这样的人是最适合做朋友的，他们虽然在与陌生人的交往中显得不够热情和亲切，甚至是有些让人难以接近，但一旦与人真正的交往，他们通常都是十分着重友情的，并且在一定的时候，能够为朋友做出牺牲。

笑的幅度非常大，全身都在打晃的人性格多是很直率和真诚的，和他们做朋友是不错的选择，因为当朋友有了缺点和错误以后，他们往往能够直言不讳地指出来，而不会为了不得罪人而视而不见。他们不吝啬，在自己能力范围许可内对他人的需要总是会给予帮助。

小心翼翼地偷着笑的人，很传统、保守，他们在为人处世时又会显得有些腼腆，但是他们对他人的要求往往很高，如果达不到要求，常常会影响到自己的心情，不过他们和朋友却是可以患难与共的。

看到别人笑，自己就会随之笑起来的人多是乐观而又开朗的，情绪化比较强，而且富有一定的同情心。

开怀大笑，笑声非常爽朗的人，多是坦率、真诚而又热情的。一件事情决定要做，马上就会付诸行动，非常果断和迅速，绝对不会拖泥带水。这一类型的人，虽然表面上看起来很坚强，但他们的内心在一定程度上却是极其脆弱的。

笑起来断断续续，笑声让人听起来很不舒服的人，其性情大多是比较冷淡和漠然的。他们比较现实和实际，自己轻易地不会付出什么。他们的观察力在很多时候是相当敏锐的，能观察到他人心里在想些什么，然后投其所好，待机行事。

会笑出眼泪的人，他们的感情多是相当丰富的，具有爱心和同情心，生活态度是积极乐观和向上的。他们有一定的进取心和取胜欲望。他们可以帮助别人，并适当地牺牲一些自我利益，但却并不求回报。

笑声尖锐刺耳的人，其多具有一定的冒险精神，且精力比较充沛。他们的感情比较细腻和丰富，生活态度积极乐观，为人比较忠诚和可靠。

不出声的微笑的人，性情比较低沉和抑郁，情绪化比较强，而且极易受他人的感染。他们很有一些浪漫主义倾向，并且会一直寻找一些可以制造浪漫的机会，为此可能会做出一定的牺牲。他们的性情比较温柔、亲切，能够给人一种很舒服的感觉，所以与人相处起来会显得比较容易。

笑起来声音柔和而又平淡的人性格多较沉着和稳重，在大是大非面前多能够保持头脑的清醒和冷静。他们比较明事理，凡事能够多站在他人的立场上为他人考虑，善于化解矛盾和纠纷。

反过来说，也有一种又热闹、又夸张的歇斯底里似的笑容，声调很高、很夸张、旁若无人，乃是歇斯底里性格者特有的戏剧性笑容。这种笑容会引起周围人的关心，然而，那绝不是叫人感到温暖或者愉快的笑容，而是一种阴险的冷嘲。

笑起来发出"吃吃"的声音的人，多是能够严格要求自己的。他们的想象力比较丰富，创造性也很强，常常会有一些惊人的举动。而且他们很有幽默感，这是聪明和智慧的一种自然流露。

在不同的场合，发出不同的笑声的人多是比较现实的，而且随机应变和适应能力比较强。

可能生活中我们不会注意的这样仔细，但是根据对方的笑容判断对方属于内向型还是外向型的人还是十分有必要的。因为外向和内向中间隔着分水岭，两者的性格大大不同。

性格外向的人笑容爽朗，是属于单纯而明快的类型，至于内向型的笑容则相当复杂，而且以不明确者居多。最明显者为假笑。他的脸虽然在笑，但是眼睛却没有笑，心中也丝毫没笑，像戴着假面具的笑，这类笑有——对自我、对对方嘲笑式的笑容,空笑、假笑,令人莫名其妙的笑,以及充满妄谵意味的笑。总而言之,这是一种缺乏内容的笑容,有时笑声高而尖锐,有时则是吃吃地笑,音量低得叫人几乎听不到声音,一言以蔽之,那是孤独冷漠的笑容。

　　笑的内容很丰富,微笑的魅力很强大。生活中我们要学会对人微笑,让自己看起来真诚又美丽,除此之外,我们还要注意别人的笑,一方面观察别人可以是一种乐趣,培养自己的观察力;另一方面,只有了解了别人,我们才知道如何应对,如何以之为镜。

06 微动作

与人交流的过程中，口才固然重要，肢体语言同样重要。要想说服对方，不但要注意自己的谈话方式，还要观察与揣摩对方的听话方式。为了提高谈话的效果，我们有必要注意收敛自己的小动作且留心对方的表情与举动：

遮口：听话时喜欢以手遮口的人，一般比较胆小、羞怯或自卑。我们都知道女性以口小为美，用手挡口是为了雅观，掩饰其口大的缺陷。但也有某些女性，在交谈听话的过程中，刻意地用手或手绢遮口，目的是要强调自己的女性美，企图让人认为她教养好，以期能够引起对方的关注。

摸耳垂：有的人听人谈话时爱拉扯耳垂，表示他不想听你一个人说个没完，想打断你的谈话自己发表意见。在小学生时期，我们常有先举手后发言的习惯。如果一遇到想发言的情况，便会有举手的欲望，可是又怕回答不好老师的问题。手没举起来只好用拉耳垂的动作来替代，久而久之便产生了拉耳垂的习惯。因此，这类人一想到要打断对方讲话，便会一面在心里祈望，一面用手付诸行动。心理学家从研究中发现了希特勒就是一位习惯拉耳垂的人，这可能与他幼年时期不顺利的生活遭遇有很大关系，这同时还体现了神经质的特征。

拍自己脑袋：表示当事人懊悔和自我谴责的情绪。有些人爱拍打自己的后脑勺，说明他们比较冷酷，不太注重感情。他们理性思维能力较强，爱利用别人，而且一旦这个人失去了利用价值他就会把他一脚踢开。但这类人比较聪明，思想独特，做事有主见，对新事物有大胆尝试的精神。他们勇于创新，积极开拓，只是感情淡薄人缘不好。有些人爱拍打自己的前额。这类人一般都比较朴素单纯，是心直口快的人。他们为人坦率、真诚，富有同情心，绝不会在朋友之间耍心计，有事多替朋友着想。若是女性，一定是温柔善良的好姑娘，会成为贤妻良母。这种人心里往往藏不住秘密，爱把话说出来，但常常被人误会，不过他并没有歹意。

打手势：有的人说话时常常伴随一些手部动作，比如如摊开手掌、摆双手、相互拍手、做暂停的手势等。这类人做事果断、自信十足，喜欢充当领导的角色，对别人爱加以指点批判。他们比较有实力，很有男子汉气派，性格大都属于外向型。这类人具有良好的素质，并且有很好的演讲口才，说服力比较强，待人热情，对朋友也很真诚。但他们爱掩饰自己的真实性格，不会轻易把别人当作自己的知心朋友。这类人事业心很强，一般会凭自己的努力干出一番成就。

玩弄饰物：听话时爱玩弄小东西。这类人一般都比较内向，不爱多说话，不轻易使感情外露。但他们感情细腻，做事认真踏实，对工作认真负责，对朋友托付的事一定尽力办好。生活中这类人比较勤快，会将自己的小环境收拾得井井有条。

摊手耸肩：表示自己无所谓，满不在乎。习惯于这种动作的人大都为人热情，办事认真，又富有想象力；会打点自己的生活，也会享受生活。他们没有太大的理想，家庭和睦、生活美满就是他们最大的愿望。

用鼻子吹气：听人谈话常用鼻子吹气的人，一定是有烦心事，或遇到了什么麻烦，但有碍于面子不好向对方开口。你如果能主动提出为他帮忙的话，他会很感激你，成为你最忠实的朋友。

低头听话：总爱低头听人讲话的人，为人慎重，含蓄不爱张扬，最看不惯别人"好为人师"式的言行。这类人做事谨慎、认真，但比较固执，不听人劝告。

腿脚抖动：这类人听别人说话时总是喜欢用脚或脚尖使整个腿部抖动，有时还用一只脚的脚尖拍打地板啪啪作响。这种人性格保守，自私自利，很少考虑别人，但他们很有思想见解，爱探讨哲学问题。

边听话边咬手指或指甲：这类人性格焦躁，没耐性，易紧张，办事头脑简单，理性思维较差。

用指尖轻敲桌面：用指尖轻敲桌面，并发出清脆的声响，暗示这个人可能正陷入某种思维困境，或是在思考解决问题的办法，或是还处在犹豫之中，不知道某个决定是该下还是不该下，也有可能是这个人不耐烦，想通过这种方式来减轻内心的压力。

有力量的手势：比如握紧拳头，拳头相碰等等。常做这些动作的人十分有魄力和勇气，凡事敢做敢当、能承担一定的责任。这样的人做事大多干脆利落，不拖拖拉拉，一旦想做就会付诸行动，而且有一定的韧性和毅力，不会轻易放弃。

除了头部姿势、坐姿和微动作，人类还有许多举动透露了人的内心甚至性格。只要我们平时留心观察，终能窥破天机，为自己的成功交流和谈判附加筹码。

07 着装的艺术

人生赤条条来赤条条去，为了给自己一块遮羞布，为了抵御寒冷，这才穿上了衣服。从树皮树叶做的衣裳到今天各种材料的衣裳，人们的服装搭配可谓是千变万化、多姿多彩。当人们穿上喜爱的衣服的同时，他的心理状态和性格也可能袒露无遗。可见，我们可以从一个人的着装上把握一个人的性格。

喜欢穿深色衣服的人：这类人性格十分稳重，显得城府很深，一般比较沉默，凡事深谋远虑，常会有一些意外之举，让人捉摸不定。

喜爱穿同一款式的人：这种人性格大多直率、爽朗，有很强的自信心，且爱憎分明。他们的优点是行事果断，显得十分干脆利落，言必信，行必果。同时他们也有缺点，那就是清高自傲，自我意识比较浓，常常自以为是。

喜欢穿过于华丽衣服的人：具有此种穿衣喜好的人，多为具有很强的虚荣心和自我表现欲、金钱欲的人。

喜欢穿流行时装的人：这种穿衣喜好的人，最大的特点就是没有主见，不知道自己有什么样的审美观。他们多情绪不稳定，容易见异思迁。

喜欢穿式样、花色与众不同的衣服的人：这种人喜欢穿式样繁杂、五颜六色、花里胡哨的衣服，多是虚荣心比较强、爱表现自己而又乐于炫耀的人，他们任性甚至还有些飞扬跋扈。

喜欢穿单一色调服装的人：喜欢穿单一色调服装的人，比较正直、刚强，理性思维要优于感性思维。

喜欢穿淡色便服的人：具有这种穿衣喜好的人，多为比较活泼、健谈的人，并且喜欢结交朋友。

不跟着流行走的人：喜欢根据自己的爱好选择服装而不跟着流行走的人，

一般是独立性比较强，有果断决策力的人。

喜欢穿简单衣服的人：这种穿衣风格的人，性格比较沉着、稳重，为人比较真诚和热情。这种人在工作、学习和生活当中，比较实干、好学，而且能够做到客观和理智。但是如果过分朴素就不太好了，那样的话就表明这个人缺乏主体意识，软弱而容易屈服于别人。

喜欢穿长袖衣服的人：这种人大多比较传统和保守，循规蹈矩，不敢有所创新。他们的冒险意识在某一方面来讲是比较缺乏的，但他们又喜爱争名逐利，人生理想定得也很高。这类人最大的优点就是适应能力比较强，这得益于其循规蹈矩的为人处世原则，把他们任意放在哪一个地方，他们都能迅速地融入其中，所以他们通常会营造出较好的人际氛围。他们很重视自己在他人心目中的形象，希望得到注意、尊重和赞赏，因而在衣着打扮、言谈举止等各个方面总是严格地要求自己。

喜欢穿短袖衬衫的人：此类人一般放荡不羁，但为人却十分随和、亲切。他们热衷于享受，凡事率性而为，不墨守成规，喜欢有所创新和突破；自主意识比较强，常常是以个人的好恶来评判一切。他们虽然看起来有点表里不一，但实际上思维还是比较缜密的，而且任何时候都知道自己在做什么，所以他们能够做到三思而后行，不至于任性妄为，酿出大错。

喜爱宽松自然的打扮：这种人多是内向型的。他们常常以自我为中心，不能走进其他人的生活圈子。他们有时候也想和别人交往，但在与人交往中，又总会出现许多不和谐的地方，所以到最后还是以失败而告终。他们多半没有什么朋友，可一旦有，就会是非常要好的。他们的性格中害羞、胆怯的成分比较多，不太喜欢主动接近别人，也不易被人接近。

从一个人衣服的款式可以看出他的性格，从一个人选择衣服考虑的因素则可以读懂他的品性。

以节约为主：这类人购买衣物时首先考虑价格因素，然后再全力以赴地讨价还价，寸步不让。他们珍惜每一分钱，即使花一分钱也要计算它的价值；他们会用金钱衡量很多东西和事物，处处考虑金钱利益的得失，所以显得没有人情味，很势利。

以讲究原则为主：这类人在购买衣服的时候，十分讲究衣物的质地、面料、做工和美观大方。他们有求知的热情和自己的人生目标，非常清楚自己的价值，懂得为自己争取属于自己的东西；他们的享受是建立在辛勤付出的基础之上的。

以树立形象为主：这类人选择衣服时不以自己的好恶来决定，而是考虑是否能给他人留下一个美好的印象。他们为人处世严谨，追求完美，以求在他人心中树立起良好的形象，这是他们相当重视权势和声望所致。

以思想愉悦为主：这类人不喜欢流行和时尚，对商店橱窗中精致的衣服往往不屑一顾，那些既简单又保守的衣服才是他们所钟爱的。他们不在乎物质上的享受，对旁人的评头论足也充耳不闻，只重视精神上的富足，为了买到理想中的衣服经常要耗费很多精力和时间。

以唯美为主：此类人购买衣物时只要求款式漂亮，其他的诸如价格、质地和面料都是次要的。他们对一切美的事物都有十分灵敏的感受，以视觉美为最高的目标，他们喜欢吹嘘，不注重实际，有所成就的机会很渺茫。

以实用原则为主：对这类人而言，衣服的作用仅仅是保暖，款式与时尚都是次要或无关紧要的。他们的消费很低，能节省很多钱，属于持家型。他们性情忠厚，有着菩萨心肠，往往悲天悯人，乐善好施，乞丐上门也经常会受到款待。此类人以中老年居多。

上身的搭配讲完了，我们来看看鞋子的搭配。鞋子并不像人们所想象的那样，单纯地起到保护脚的作用。在观察他人的鞋子的时候，人们除了注意其美观大方外，还可以通过它对一个人进行性格的观察。

喜欢穿远足靴的人：这类人通常会在工作上投入充足的时间和精力，他们有很强烈的危机感，并且时刻做好准备迎接一些可能突然发生的事情。他们有较强的挑战意识和创新意识，敢于冒险和向自己不熟悉的未知领域挺进，并且有较强的自信心，相信自己能够成功。

喜欢穿露出脚趾的鞋子的人：这类人多是外向型的人，而且思想意识比较前卫，浑身上下充满了朝气和自由的味道。他们很乐于与人结交，并且能拿得起放得下，比较洒脱。

喜欢穿没有鞋带的鞋的人：这些人并没有多少特别之处，穿着打扮和思想意识都和绝大多数人差不多。但他们比较传统和保守，中规中矩，追求整洁，表现欲望不强。

喜欢穿细高跟鞋的人：即便女性们知晓穿细高跟鞋不便和危害，但爱美的天性让她们不会在意这些的。这样的女性，表现欲是很强的，她们希望能引起他人，尤其是异性的注意力。

常穿着最喜爱一款鞋的人：这类人在思想上是相当独立的，知道自己喜欢什么，不喜欢什么。他们十分重视自己的感觉，而不会过多地在意他人怎样看。他们做事一般比较小心和谨慎，在仔细认真地考虑以后，要么不做，要做就会全身心地投入，把它做得很好。他们很重视感情，对自己的亲人、朋友、爱人的感情都是相当忠诚的，不会轻易背叛。

喜欢穿靴子的人：这样的人，自信心并不是特别强，而靴子却能在一定程度上为他们带来一些自信。另外，他们很有安全意识，懂得在适当的场合和时机将自己很好地掩蔽起来。

喜欢穿拖鞋的人：喜欢穿拖鞋的人是轻松随意型的最佳代表，他们只追求自己的感觉和感受，并不会为了别人而妥协。他们很会享受生活，绝对不会苛求自己。

喜欢穿时髦鞋子的人：在这些人的观念里，只要是流行的就是好的，他们才不管自身的条件是否与流行相符合，是否切合实际。这种人做事时常缺少周全的考虑，所以会顾此失彼。他们对新鲜事物的接受能力比较强，表现欲和虚荣心也较强。

喜欢穿运动鞋的人：具有这种偏好的人生活态度积极乐观，为人较亲切、自然，生活规律性不强，比较随便。

由此可知，人的服装、鞋子都是体现人们性格的重要手段。所以，面对不同的场合，我们可以搭配不同的着装以求展现给对方最好的第一印象，从而使接下来的交流变得更加简单。

08 从语言风格看性格

交谈是了解一个人性格的主要方式，而语言则是鉴定一个人品性的重要依据，因为人的思想及情感往往通过语言表达出来。

清人龚自珍在《别辛丈人文》云："我思孔烦，言为心声。"西汉杨雄在《法言·问神》有云："故言，心声也，书，心画也。声画形，君子小人见矣。"这两句话的意思是：言语是表露心迹的声音，听一个人说话，就能知道他的德行。孔子也说过："不知言，无以知人也。"如果不善于分析别人的言论，就无法正确考察一个人的。

古人的名言，对今天的我们仍然很有警示作用。我们可以通过辨析考察对象的言语来了解和掌握他们的德才行为。因此，言语辨析法是领导者寻找千里马的有效方法。

言辞可以反映一个人的才能学识，这是实践所证明的真理。如古代的"诸葛亮舌战群儒"，纵横家苏秦靠游说获五国相印。这是在洋洋万言中表现其才能学识的范例。有的还可以从一句话中识别其才能学识的优劣。

三国时期，钟会7岁时，他的父带着他和哥哥去见魏文帝曹丕。他哥哥见到皇帝很惶惧，汗流满面，而钟会却从容镇定。曹丕问他哥哥为什么出汗，他哥哥答道："战战惶惶，汗出如浆。"又问钟会为什么不出汗，钟会回答道："战战栗栗，汗不敢出。"于是曹丕从钟会一句话中发现他的胆识和奇才。

现代社会中，公司面试其实考察的也有语言风格这一块。领导者总是希望应试者有吸引人的语言和巧智。因为，语言风格突出的人，在谈话时总是能发挥主动性去吸引住别人。

值得注意的是：无论从洋洋万言或一句话中，还是从声音大小中来识别人的才能学识，都离不开国情、地情、时情和人情等客观环境，离开了这些环境，就无法做出正确的鉴别。另外，领导者要特别注意鉴别那种嘴尖皮厚腹中空—的夸夸其谈者，不要把夸夸其谈误认为是才能学识的表现。如果不注意这一点，就要吃大亏。这在历史上也有教训。成语"纸上谈兵"，讲的是赵国名将赵奢之子赵括的故事。赵括其人，夸夸其谈，本是缺少实际作战经验之辈；听了秦国反间计的赵孝成王，不听赵奢对赵括的评价，把一个只会饶舌的假人才委以重兵，结果四十万赵军全部覆灭，赵括也中箭身亡。

语言风格是个人品格修养的显示器，一个人的品格修养会在其或俗或雅的语言风格中自然而然地流露出来。每个人天生有自己独特的语言风格，有的人言辞犀利，有的人幽默风趣，有的人云淡风轻，有的人旁征博引。一般地，语言风格其实就代表了一个人的性格特征。

爱高谈阔论的人认为办大事者应不拘小节，因此常常不大理会细节问题，琐屑小事从不挂在心上。在生活上，他们从来不会在乎西服掉了一两颗纽扣之类的芝麻绿豆小事。他们考虑问题宏博广远，善于从宏观、整体上把握事物。他们的思想富于创见和启迪性，即使不是"绝后"的，也往往有"空前"的意味。缺点是理论缺乏系统性和条理性，论述问题不能细致深入。由于不拘小节而可能会错过重要的细节，给后来的事情埋下隐患，所以，"千里之堤，溃于蚁穴"的道理是他们最应注意的。

喜欢挖苦损人的人是文学爱好者，总爱话里有话。一开始，别人以为他们机智风趣、视角独到，但最后，终于发觉他们心怀叵测，并不在乎他人。在许多方面，他们和自嘲型的人有同样的心理，不过他们往往是指桑骂槐更为隐秘。他们相信先下手为强，不过，他们的矛头是指向那些令他们紧张和恐惧的人与事。只要他们觉得自己没有成就，就开始嘲弄别人的成就。

他们的挖苦兼嘲笑就像一剂毒药令人痛不欲生。其实，这一切反而反映出他们心中的消极思想以及对自我的否定。他们希望在对比中否定他人，抬高自己。但事与愿违的是，无论他们多么擅长挖苦，多么精于刻薄他人，却永远无法放开自己。

说话风趣幽默的人，想象力丰富，颇具创造力，而且看重自由自在的生活，崇尚快乐自由的个性。因为他们发现，在很多场合下，适当的玩笑可以消解压力，调节拘谨得令人窒息的气氛，因此他们经常运用幽默来改变紧张的氛围，从而成为受大众瞩目的"减压员"和"空气调节师"。他们童心永在，是顽皮、爱开玩笑的人，他们已经找到幽默在生活中所蕴含的力量，而且希望把这股力量带给真正需要它的人，同时也使自己的生活充满喜剧色彩。

辛辣讽刺型的人知识丰富、言辞激烈而尖锐，对人情事理理解得深刻而精当。他们天生懂得嘲弄而且对生活的观察细致入微，往往视角独到。他们有能力把弥漫在政治、经济和娱乐界的弊端活灵活现地表现出来。但更重要的是，这么做能够表现出他们内心深处的道德愤慨。作为一个理想主义者，他们宁可透过重点式的夸大和讽刺为改变而战，也不愿闷闷不乐、怨天尤人。他们接受新生事物的能力强，反应也快。针对他人的能力，他们往往都能居高临下，做一个批判者。

爱添油加醋述说事情的人接受新生事物很快，捡到新鲜言辞就能在日常生活中运用，就像要给生活增加佐料一样。因此，他们总是跃跃欲试，不吐不快，把听到的一些精彩言论，很快地加以模拟应用，并推陈出新。缺点是不能对这些言论进行更深的研究，遇到问题时没有主见，不能独立面对困难，性格软弱。

有的人喜欢哗众取宠，到处扮小丑，模仿古怪的动作，或在头上戴个纸袋说些滑稽的笑话。哗众取宠引人注意是他们行为的原始动机。他们十分善解人意，懂得体贴、关怀他人，只是尚未失掉童稚之心。他们懂得享受生活，即使80岁了，仍然会去荡秋千。

说话喜欢标新立异的人独立思维能力强，有强烈的好奇心，对于普遍的说法常持否定的态度，他们"标新"是为了"立异"，做事常常独树一帜、与众不同。他们很容易接受新生事物，敢于向权威与传统挑战。他们的优点是不受礼法约束，精于谋略，开拓性强。缺点是不能冷静思考，容易偏激从而不被世人理解，往往孤立无援，最终毁于一旦。他们最适合用自己的奇思妙想做一些有开创性的事。

言辞犀利锋锐的人喜欢抓住对方弱点就狠打猛打，不给对方丝毫回旋的机会。他们善于抓问题要害，而且往往一步到位，常以问题专家的眼光去看待对方。所以他们有可能会忽略从总体、客观上把握问题的实质与关键，而舍本逐末甚至断章取义。

说话从容平和的人性格优雅，为人宽厚仁慈，他们说话做事不仅从容不迫，而且十分严谨，决不会轻易得罪一个人。他们为人处事豁达又有规范，而且周密细致，反应敏捷果断，属于细心思考型人才，但又有恪守传统、思想保守的倾向。如果他们能对新生事物持公正包容而非偏见排斥的态度，就会变得更加从容平和，具备长者风范。

喜欢自我嘲讽的人心胸较为开朗，能够像鲁迅一样自嘲，这也可能是他们维持平安幸福的秘诀之一。被自己嘲笑，其实也是改掉自己缺点的一种方法。先别人一步嘲讽自己，无形中排除了外来的某些可能的诽谤，使自身的处境较令人同情或爱怜。事实上，这已成为他们自我保护的一种方式。

说话旁征博引的人知识面宽，随意漫谈也能旁征博引，古往今来，天文地理都能指点一二，显得无所不通，学问高深。但是由于脑子里装的东西太多，导致系统性差，从而往往是知其然，而不知其所以然，思想性和深度不够，评说问题就像蜻蜓点水，抓不住要领。他们做某件事情时，可以产生几十个方案，但可能都触及不到问题的关键。所以他们如果能增强分析问题的能力，做到驳杂而精深，直接把握实质，他们就会成为优秀、博精的全才。否则，就会变成看似什么都懂，实际什么都不懂的人。

有的人说话温和平顺。这种人性格温润柔弱，不争强好胜，权力欲望平淡，与世无争，讲究以"和"为贵。优点是为人处世讲求平和顺畅，易与人相处。缺点是意志软弱，胆小怕事，原则性不强，常常屈从于权威等，对人、事采取逃避态度。这种人如能磨炼胆气，知难而进，就会成为一个外显宽厚、内存坚毅的刚柔相济之人。

由此可见，语言的魅力是无穷的，它可以改变一个人对另一个人的态度，也可以在潜移默化中改变一个人的性格。因此，交流中我们要努力辨别对方的语言风格，猜测对方的性格，从中找出突破点以达成目标。当然，我们也要学会培养自己独特的语言风格，形成自己独特的气场。

第二章　情绪心理学

擦拭心灵，来一场心灵的革命

　　有人在言语间刺伤了你，你愤而离开，可只是人的离开，心却没有离开，你只是一心一意地在生气，在情绪上做文章——这是对生命的浪费，而且是很坏的浪费。毕竟，生气也是要花力气的，而且生气一定伤元气。所以，聪明如你，别让情绪控制了你，当你又要生气之前，不妨轻声地提醒自己一句："别浪费了。"

01　当郁闷成了流行病

当今社会，郁闷已然成了一种流行趋势。当你在网上输入"郁闷"二字，居然有6600万项相关。可见，"郁闷"已然成了现代都市人的通病。

"郁闷"不是新词，正像浮云、腐败、禽流感不是新词一样，但当它在特定时间、地点变得普遍而深透的时候，很多人都感觉和认知到了的时候，它就流行了。

那么，郁闷究竟是什么？郁闷，顾名思义，是指抑郁和苦闷。它是一种情绪，一种感觉。郁闷关乎心，起于心，又缠绕于胸，像一个结，如一层膜，似一张网，解不开，挣不脱，化不了。感知郁闷，有深重有轻浅，有可以光明正大说之的，还有的或只能隐蔽于内心。

何以郁闷？物价飞涨，攒十年工资买不起一套房，郁闷。走在大街上，到处是莺歌燕舞，灯红酒绿，却发现那都是别人的，郁闷。脸长黄褐斑、老年斑了，腰变粗了，肚子下垂了、保不住青春容颜了，郁闷。在钢筋水泥而没有石头森林的城市，是无休止的工作和无法排遣的压力，其内心期冀的桃李芳菲的场景中踏歌漫行，诗酒唱和之雅兴，何处寻觅？郁闷。闲得无聊，体会不到活着的意义与价值，郁闷。整日在三点一线上奔忙，像一个没有思想的机器在同一个轨道上固定地转动，生命在流逝，过程却在静止，似永无尽头，郁闷。机遇对某些人如此青睐，而对自己却这样薄情，郁闷。茫茫人海，却找不到一个可以倾诉的对象，郁闷。无休止地要面对妻子的唠叨，对斩断孩子痴迷网吧游戏的瘾却这般无力，郁闷。爱情如夏天的冰，轻易就融化了，薄情寡义的人，厚颜无耻的人咋就自己遭遇上呢，郁闷。

在时常郁闷的人看来，人在世间生活，与世间万物必然要建立千丝万缕的联系，只要哪一根丝弹拨不成调，都会引发出郁闷感。人生不如意事十之八九，时常郁闷才是正常的。可以说，今天人们对郁闷的敏感，是人对处境状态心理感受的关注和太在乎的提升，是健康快乐富裕阳光生活目标的高调追求起着作用，普遍而广泛的郁闷现状，也是急剧变化时代对人影响的深入。

理想与现实的差距，青春年华一去不复返，婚姻家庭爱情的矛盾，对人生迷茫的焦灼等等，这些人生的普遍问题，涉及人的宇宙观、价值观、成就感，每个人都会害同样的病：郁闷。人总是在社会道德、家庭责任筑就的牢笼里囚住，意欲挣脱或是甘心承受，是属于个人的选择。对人事放不开，总黯黯委屈、心思蜷曲。愁心漫溢。寄希望于美满，不一定苦苦执着于得到。

郁闷每个人都能感知，有的人把郁闷当成了一种享受，就像忧郁的诗人，把这些郁闷串联成诗句，在网上卖弄他的郁闷。这样的事是不可取的。人生应该站在有阳光、有养分的地方，让阳光来驱散心中的郁闷之乌云。如果每天只强调自己的郁闷，而不着手去改变它，驱散他，那人就可能一辈子处在浑浑噩噩、茫茫然然的状态中，再也走不出来。

人总是要学着成熟的。有些事当进则进，当退则退，仍不失为人生哲学，一生也渴望功名的陶渊明，终不得志时，一下退到悠然的南山，心远地偏，便少了郁闷。世事难料的时候多，不能看个清清楚楚、明明白白时，学学板桥先生的"难得糊涂"，也是一解。"达则兼济天下，穷则独善其身"，古人就很智慧。举重要若轻，处事讲方法，有些事不能用积极或消极的看法来认定，退一步海阔天空，苦苦执着于某一观点，难免不郁闷不已，跳蚤还能顶得起铺盖吗？多少事，把人活着的宿命，放大到宇宙和大人类的高度和角度来认识对待，绝对获得的是另外一种胸襟，郁闷就会变少。

有的人，当心中有小小的郁结的时候，对着广袤的天地大喝几声，引吭高歌一曲，再去爬一座山，手脚并用，让自己狠狠地累上一回，再回去洗个淋浴澡，好好地吃上一顿，纵情地醉上一回。第二天，神清气爽，开始着手计划解决问题。这也不失为一个好办法。当然，有的爱书之人喜欢在书中找答案，女孩子则去逛街或者吃东西泄愤。这些都是比较激进的方式，要想排除忧郁，最主要的是保持积极乐观的心态，给自己的心里放一个发光发热的太阳，保持内心的宁静，给自己设定一个远大的目标。

  在这个世界上，已经有太多人不快乐，不开朗，不懂得如何从无可奈何的情况里去求得生存之爱。我们应该做聪明人，做智者、勇者，就算天大的事发生了，也不自弃，心平气和地为生活争取最合理的解决之道。做个有弹性又豁达的人，当是我们一生所追求的生活艺术。

02 承认生活的不完美

崔雅说："我希望自己活下去的意志够坚强，能尽量利用时间，我需要彻底专注、保持清晰的思维和正精进，同时不执着于结果。痛苦不是惩罚，死亡不是失败，活着也不是一项奖赏。"可见，生活中并不是处处有荣光，死亡和痛苦纠缠着人们，活着也是一项辛苦的活计，生活并不是想象中那么完美。那么，我们要因为生活不完美而自暴自弃吗？

有这样一个故事：有一个人对自己坎坷的命运实在不堪忍受，于是天天在家里祈求上帝改变自己的命运。上帝被他的诚心打动，于是对他承诺："如果你在世间找到一位对自己命运心满意足的人，你的厄运即可结束。"此人如获至宝，开始他寻找的历程。

这一天，他走到皇宫，询问万人之上的天子："万岁，您有至高无上的皇权，有享受不完的荣华富贵，您对自己的命运满意吗？"天子叹道："我虽贵为国君，却日日寝食不安，时刻担心有人想夺走我的王位，忧虑国家能否长治久安，我能否长命百岁，还不如一个快乐的流浪汉！"这人又去找了一个在太阳下晒太阳的流浪汉，问道："流浪汉，你不必为国家大事操心，可以无忧无虑地晒太阳，连皇上都羡慕你，你对自己的命运满意吗？"流浪人听后哈哈大笑："你在开玩笑吧？我一天到晚食不果腹，怎么可能对自己的命运满意呢？"就这样，他走遍了世界的每个地方，访问了各行各业的人，被访问的人说到自己的命运竟无一不摇头叹息，口出怨言。这人终有所悟，不再抱怨有残缺的生活。

说也奇怪，从此他的命运竟一帆风顺起来。

人们对事物一味理想化的要求导致了内心的苛刻与紧张，所以，完美主义者常常不能心态平和，追求完美的同时也失去了很多美好的东西。事物总是循着自身的规律发展，即便不够理想，它也不会单纯因为人的主观意志而改变。如果有谁试图使既定事物按照自己的主观意志改变而不顾客观条件，那他一开始就注定已经失败了。

童话中渔夫那贪婪的妻子，终于未能逃脱依旧贫穷的命运便是证明。现实中，我们许多人都过得不够开心、不够惬意，因为他们对环境总存有这样或那样的不满，他们没有看到自己幸福的一面。也许你会说："我并非不满，我只是指出还存在的问题而已。"其实，当你认定别人的过错时，你的潜意识已经让你感到不满了，你的内心已经不再平静了。

凌乱的稿纸，车身上一道明显的划痕，一次你不太理想的成绩，比你理想中的身高、体重矮一些、轻一些，种种事情都令人烦恼，不管与你有多大联系。你甚至不能容忍他人的某些生活习惯。如此，你的心思完全专注于外物了，你失去了自我存在的精神生活，你不知不觉地迷失了生活应该坚持的方向，苛刻掩住了你宽厚仁爱的本性。

没有人会满足于本可能改善的不理想现状，所以，努力寻找一个更好的方法：用行动去改善事物，而不是空悲叹，一味表示不满；应该用包容的心去看待事物，而不是到处挑毛病，让不必要的烦恼来搅乱自己的心。同时应该认识到，我们可能采取另一种方式把每一件事都做得更好，但这并不是说已经做了的事情就毫无可取之处，我们一样可以享受既定事物成功的一面。有句广告词不是说"没有最好，只有更好"吗？所以，不要苛求完美，它根本不存在。

爱默生曾说：如果你不能当一条大道，那就当一条小路，如果你不能成为太阳，那就当一颗星星。决定成败的不是你尺寸的大小，而是做最好的你。

许多人都感叹命运不好，其实是他自己的活法不对。上一座山，刚上一小段，发现另一座美丽壮观，于是匆匆跑下来又开始登那座"美丽壮观"的山；刚登上一小段，又发现另一座更美丽壮观的山……如此下去，这些人跑来跑去，跑了几十年却仍在"山"脚下徘徊，当然又是命苦又是心累地叫个不停，可这怪谁呢?

最好的活法是顺其自然。这里的自然不是随波逐流，不是随遇而安，更不是醉生梦死地跟着别人走，而是指一个人弄明白自己的人生方向后踏踏实实地顺着这条路走下去，心安理得地不羡慕别人的成功更不会跑去盲目地跟着别人走。应该明白，鱼儿不会因为羡慕鸟儿就能飞上天空，小草不会因为羡慕大树就能发疯地长高，一个人更不能因为羡慕别人的成就就忘了去把自己该做的事做好。

每个人都有自己的长处和优势，也就是每个人都有自己的一座"山"。关键是找到那座"山"，然后坚定地攀登上去。坚持登一座山的人一定能达到顶峰，坚持做一项事业的人一定能成功，坚持一种生活信念的人一定会幸福。

建立好心态的意义就是帮助你找到最好的活法，然后顺其自然努力去奋斗。既不感叹命运也不抱怨时代，当不了大树就当小草，当不了太阳就当星星，当不了江河就当小溪……明白自己是什么也就明白了自己该走的路，明白了自己的能力有限也就明白了不可能事事完美，就可以心安理得地坚定地走在自己选定的人生路上，就会在生活中创造出无穷的乐趣，就会在前进中开发出无尽的幸福与欢乐。

有什么样的能力就做什么样的事。如果你对完美过于苛求，或者认为情况应该比现在更好时，请一定要把握住自己人生的舵，放弃你挑剔的眼光，心平气和地承认生活的残缺，这才是成熟者的心态。

03　愤怒是伤己的利器

对别人的愤怒，其实是对自己的惩罚。可见，愤怒时伤害自己的利器。

假如你是一个有车的上班族，在你急着赶往公司的过程中，可能会碰到这样那样的问题，比如随意超车、乱按喇叭，有车子在内线车道上挡你的路，或者不顾安全距离尾随你的车等等。不管是遇到的是哪一种情况，对你本来就焦急的心理都是一个挑战。此时，你会表现出怎样的情绪呢？相信很多脾气不够好的先生或女士会这样想：哼，我回去就把这车作一个改装：装上大的保险杠，再配一个气动喇叭。从此以后，你在公路上行驶就如入无人之境，只要别人的车敢挡你的路，你就用气动喇叭给点颜色让他瞧瞧；当有人敢违章跟随时，你就来个急刹车，让他狠狠地撞在你的车屁股上，而毫发无损的你悠然自得地在自己的车里看了一幕喜剧。

坦率地讲，这个创意真是不错，只不过，如果真的这样做了，后果可能就不是想象中的那么好玩，也许当你的喇叭会激怒另外一个刚好心情焦急的人，那么你的举动就有可能引发一场战争；你的急刹车也有可能会酿成一起车祸，后患无穷……

1936年9月7日，世界台球冠军争夺赛在纽约举行。刘易斯·福克斯的得分遥遥领先，只要再得几分便可稳拿冠军了，就在这个时候，他发现一只苍蝇落在主球上，他挥手将苍蝇赶走了。可是，当他俯身击球的时候，那只苍蝇又飞回到主球上来。他在观众的笑声中再一次起身驱赶苍蝇。这只讨厌的苍蝇开始破坏他的情绪，而且更为糟糕的是，苍蝇好像是有意跟他作对，他一回到球台，它就又飞回到主球上来，引得周围的观众都哈哈大笑起来。

刘易斯·福克斯的情绪恶劣到了极点，终于失去了理智，愤怒地用球杆去击打苍蝇,球杆碰到了主球,裁判判对手击球,他因此失去了一轮机会。刘易斯·福克斯方寸大乱,连连失利,而他的对手约翰·迪瑞则愈战愈勇,终于赶上并超过了他,最后拿走了桂冠。第二天早上,人们在河里发现了刘易斯·福克斯的尸体,他投河自杀了。

一只小小的苍蝇,竟然击败了所向无敌的世界冠军!其实,这场悲剧是完全可以避免的,当苍蝇落在他的主球上的时候,不理它,一门心思击球就是了!当主球飞速奔向既定目标的时候,那只苍蝇还站得住吗?它肯定会飞得无影无踪了。

处于情绪低谷的人们,是很容易迁怒给周围的人、事、物的。面对生命中的不如意,我们要懂得控制自己的情绪,很多时候,我们只需要"不迁怒"三个字就够了!

选择愤怒就选择了一种错误的心态,它会控制你的理智,让你做出意想不到的事情。它是一种消极的心态,除了让情况变得更糟,没有一点益处。

美国拳王乔·路易在拳坛所向无敌,所有对手都惧他三分。有一次,他和朋友一起开车出游,途中,因前方出现意外情况,他不得不紧急刹车,不料后面的车因尾随太近,尽管也同样采用了紧急刹车,但两辆车还是有一点轻微碰撞。

乔·路易本不以为意,他想双方协商将事情处理好就是了,但没有料到,后面的司机却怒气冲冲地跳下车来,嫌他刹车太急,继而又大骂乔·路易的驾驶技术有问题,并在乔·路易面前挥动着双拳,大有想把对方一拳打个稀巴烂之势。乔·路易自始至终除了道歉的话外再无一语,直到那司机骂得没兴趣了才扬长而去。

乔·路易的朋友事后不解地问:"那人如此无理取闹,并且还在你面前乱挥拳头,你为什么不狠狠揍他一顿?"乔·路易听后认真地说:"如果有人侮辱了帕瓦罗蒂,帕瓦罗蒂是否应为对方高歌一曲呢?"

每个人的心中都会有一座火山,火山的爆发与否取决于人们对情绪的控制程度。一旦火山爆发,要经过数十年的岁月才能清除灾难之后的痕迹。当你因愤怒而失控的时候，就如同火山爆发，狰狞的面目也会给别人留下难忘的印象，不理智的言辞再也无法收回。而成熟的人心里则是沉睡中的火山，他们知道另有途径可以释放过多的热量，而不让心中的火山爆发。

诗人海涅是犹太人。一次，一个顽固的排犹分子想挖苦海涅，就故弄玄虚地对海涅说："我去过太平洋的一个小岛，岛上的风光美丽至极，只可惜少了两样东西。"海涅极友好地问："是吗？是哪两样东西？"对方得意地笑笑："是毛驴和犹太人。"他本来以为，海涅准会气得暴跳如雷，不料海涅听了不仅不生气，还笑着地回了一句："这好办，下回我带你去，两样就全有了！"

聪明的海涅用"以其人之道还治其人之身"的法子制服了对方，这的确是一种大智慧。

在生活中总有一些让人觉得不愉快的事情，这个时候，人就得学会控制好自己的情绪，让愤怒远离自己，不生气就等于是给自己自由，让自己不再忍受精神和情绪上的痛苦，如此才能够让自己真正敞开胸怀，再次体验到生命的新鲜和丰富。如果一味地与坏情绪纠缠不清的话，就会为此而付出巨大的代价。当一个人明白了这一点时，他便不会轻易跟任何人生气，不会和人争吵，不会辱骂他人、责怪他人、触犯他人、怨恨他人。

在婚姻中，如果夫妻双方不懂得抑制愤怒，就会终日争吵不休。"你知道我们为什么要这样？"一位太太说。"因为我们在一开始的时候就没有控制自己的愤怒，彼此渐渐养成向对方发脾气的习惯。现在我们只剩下了相互责怪与仇恨，彼此都不能忘记前嫌，这样的局面让我们都感到很累。"愤怒不仅没有解决问题，反而进一步刺激了暴戾的气氛，使双方的矛盾更进一步。并且，愤怒的结果会让我们感到"很累"，为什么会有这种状况出现呢？原来，愤怒不仅影响我们与周围人的关系，更可怕的是，它还是有害于身体健康的一种负面情绪。

在《大脑、行为与免疫》杂志上，刊登过一项新的研究报告，从康复的角度，首次直接评估了易发怒的性格对伤口愈合时间的影响。结果发现，对于不能控制好愤怒情绪的人来说，测试中的小伤口需要 4 天以上时间才能痊愈，而好脾气的人只需要一天多就可以了。研究人员解释说，造成这种现象的原因可能是易怒的人应激激素皮质醇分泌量比较高，造成了他们伤口痊愈困难。

不仅如此，愤怒还会给我们健康的身体造成各种危害。

现代医学研究证明：人在愤怒时，交感神经兴奋性增强，心跳明显加快，每分钟可达 180~220 次，甚至会更快，同时血压急剧上升，所以患有高血压病、冠心病的人，发怒时常可使病情加重，甚至导致死亡。发怒时的呼吸速度也比平时快，一般人每分钟 16~18 次，而愤怒时则增快到每分钟 23 次左右。这样肺从血液中吸取的二氧化碳，就会超过身体所制造的二氧化碳量，所以愤怒者常常会感到手指麻木。并且，在发怒的时候，人唾液的成分会发生化学变化，胃出口处的肌肉骤然收缩，整个消化道处于痉挛状态，因此进食时感到味道变异，饮酒觉酸，还会出现腹部疼痛等不舒服的感觉。不仅如此，愤怒时的人体还能产生一些对身体有极大危害的物质，美国斯坦福大学曾经进行过这样一个实验：把一根管子一头插到鼻子里，一头插到冰水里，10 钟后看结果。如果试验者是心平气和的，冰水的颜色不变；如果内心感到惭愧，冰水的颜色就会变成白色；如果是恼怒，冰水的颜色就会变成紫色。把这种紫色的水注射到小老鼠身上，只需要 2~3 分钟小老鼠就死了。

上述例子证明了愤怒对人的内脏及其他器官都会产生危害，不仅如此，易愤怒的患者也比心平气和的患者较难痊愈。一些医学上的案例证明，癌症不经过特别治疗就自行痊愈的人大都心胸宽广、性格开朗；高血压、冠心病的患者一旦情绪激动，病情就会加剧……

愤怒的危害如此之大，所以每个人都应该想办法远离愤怒，以健康的心态生活。

首先，我们应该学会自我控制自己的情绪。可能有人会说：我也不想发脾气的，但是很多事情让人不得不生气。其实，我们静下心来想想，就会发现每个人都会遇到不顺心的事情，但是对于这些事情，易怒的人总是采取一种愤怒的情绪反应，而心态平和者则懂得控制自己。情绪潜能专家鲍勃的女儿问他:"爸爸,你从未发过脾气。你一定有生气的时候,但是你没有将它发泄出来,你把它藏在心里,这样对你是不好的。"鲍勃为了教育女儿,让她懂得人需要自我控制,在某一次女儿做错了事情后,他故意大声咆哮,让女儿看到自己面孔扭曲的模样。然后他对吓坏了的女儿说:"我觉得自己有点愚蠢,因为我感觉自己好像失去控制。我想发怒并非不可原谅,问题是如何让怒火冷却,否则它们将继续燃烧,而且越烧越旺。"

其次,要学会调整自己的心态。产生愤怒情绪的最大原因,是愤怒着感受到了来自别人的威胁,比如感受到别人的不礼貌的侵犯,感受到被忽视,或者感受到自尊受到伤害等等,于是愤怒就成为易怒者的一种保护性的情绪,认为在气愤当中自己会变得更强壮、更野蛮、更具威信。会产生这些想法的人主要是对自己没有自信,所以,易怒者应该学会调整自己的心态,提升自信心。

世界是由矛盾组成的,人与人之间总会有这样或那样的矛盾。当你与别人发生摩擦、误会甚至仇恨时,千万不要因为愤怒而失去理智,要用宽容和忍耐来稀释自己的怒火,那样我们就会少一分阻碍,多一分成功的机遇。否则,我们将会被挡在通往成功的道路上,直至被打倒。

总而言之,愤怒是一种消极的心态,愤怒只会让本就不顺的事情变得越来越糟糕,还对自己的身体有所损伤。所以,遇到不顺的时候冷静下来,仔细思考解决的办法,同是学会控制自己的情绪,调整自己的心态。请记住:珍爱生命,远离愤怒。

04　人生难得糊涂

中央三台有一个叫《联合对抗》的节目，曾经里面有一位叫李永远的选手感叹"心态很重要"。为了证明自己的观点，李永远讲了一个故事。

2008年8月8号晚，这位叫李永远的选手在鸟巢附近的奥运村登上一辆公交车，当他上车的时候，发现司机和乘客的脸上都有些不耐烦的神色，一问才知道他们的车在鸟巢附近已经堵了两个多小时，而有些人原本打算八点钟回家看开幕式的，时间却在路上被白白的耽误了。遇到这种情况，世界上脾气最好的人恐怕也会按捺不住地火气上升。但是，就在大家都被堵车弄得心烦气躁的时候，鸟巢上突然升起了形状为五环的焰火，在那一刹那，车上所有人的注意力都被五环焰火吸引了过去，甚至还有人忘情地发出"真漂亮啊"的赞美，完全忘记了刚才还在为公交车寸步不动而生气，心态也随之平和下来。还有些乘客认为应该感谢这次堵车：如果没有堵车，他们肯定不会如此幸运的"邂逅"鸟巢上空美丽的焰火。

同一次堵车，人们对它最初是抱怨，最后却成了感谢，促使他们由消极心态向积极心态转变的原因到底是什么呢？其原因就在于人们看这次堵车事件的角度发生了改变。他们开始只注重了堵车给他们带来的种种麻烦和不便，于是心里就产生了对堵车的抱怨。但是，当因为堵车而看到五环焰火时，他们看问题的角度马上发生了转换，反倒认为这次堵车让他们无意中目睹了别人想尽办法去看的焰火，这可是以前的多少次堵车也换不来的"优待"啊，这么一想，心理上自然觉得平衡了，甚至还觉得自己赚了，所以当然要感谢这次堵车事件。

卡耐基曾向一家饭店租用大舞厅用来讲课。有一天，他突然接到通知，说他必须付出比以前高出三倍的租金才能继续使用舞厅。

　　当时，卡耐基并没有拿出相关的法律依据去找舞厅经理据理力争，而是换了一个角度，找到经理后对他说："我接到通知，有点惊讶，不过这不怪你。因为你是经理，你的责任是尽可能赢利。"紧接着，他为经理算了一笔账，如果将礼堂用以举办舞会或者晚会，当然会获大利，"但你撵走了我，也等于撵走了成千上万有文化的中层管理人员，而他们光顾贵处，是你花钱也买不来的活广告。那么哪样更有利呢？"这样一来，卡耐基巧妙地将问题由从自身的利益出发转换到了从对方的利益出发，从而成功说服了那位经理。

　　换个角度，就会换种心态，这并不是简单的阿Q式的自欺欺人，而在因为在积极心态下解决问题远比在消极状态下有利。心理学认为，首先，换个角度，你可以使自己获得一种心理上的平衡，而在这种心理平衡的状态下，我们看问题和处理问题都会比较理智。上面的第一个例子就能充分说明这个道理；其次，换个角度看问题，可以让自己无视一些细小的烦恼。我国清代的著名画家郑板桥不是说过和他同样有名的四个字"难得糊涂"吗？换个角度，偶尔糊涂一下，忽视一些不重要的琐碎，注意力就会全部集中在问题的核心上；再次，换个角度，站在别人的角度看问题，往往可以更好地说服别人，达到自己的目的。

　　从上面的事例我们不难看出，任何事物都有其两面性，按照常规看再不利的事情也有好的一面，只要你懂得换个角度去看。在一对新人的婚礼上，一位客人不小心打碎了一只酒杯，新人和客人们听到响声后都惊呆了，认为这是个不祥的预兆，一时不知道怎么办才好。这时聪明的司仪却边鼓掌边笑着说："碎得好！碎得好！碎碎（岁岁）平安嘛"，于是，新人和客人都释然，杯子事件丝毫没有影响婚礼的顺利进行。同一件事情，换个角度看，产生的心态会不一样，如果从坏的一面看肯定会产生消极的心态，但是，如果换个角度，从好的一面看，心态自然就会变得积极和乐观了。所以，在我们对某些人和事感到无法接受，感到郁闷和沮丧的时候，不妨试着换个角度去重新审视，这时候我们也许会发现以前没有看到或被忽视的一面，而这一面往往对整个问题的解决起着不可忽视的作用。

　　综上所述，我们不难发现，当我们遇到别人看来是"倒霉"或不顺利的事情时，不妨换个角度，用"祸兮福所倚"的心态去对待倒霉事，说不定就会有不一样的发现，从而将消极心态转变为积极心态。

05 在心中种一株向日葵

快乐是可以培养的。当你内心苦闷的时候，不妨在心中种一株向日葵。当我们内心有着快乐的欲望，并有意地做一些快乐的举动时，我们的心情便会在不自觉中快乐起来。快乐，就是这样被培养出来的。在这个纷繁复杂的社会上，每个人都渴望快乐。快乐是每个人自己的事情，只要你愿意，你就可以快乐，只要你愿意，快乐就可以成为你的习惯。

人生的旅途中，我们总是为事业而整日奔波，在实现梦想的道路上披荆斩棘，在热情与冷漠中迷失了自我……纵使我们长出三头六臂，或是一夜之间变成八面玲珑，结果也是一样，人生的法则就是总有人成功，也有人迷茫；有人欢喜，也有人苦恼。我们常有意地培养兴趣，培养能力，培养成功的种种条件，可是我们却忘记了一件事情：在生活中多为自己培养一些快乐的心情。

快乐，是人类追求的终极目的，是每个人一生都在苦苦追求的梦，培养快乐自然成了每个人一生的使命。只是当你用了心、尽了力时，这一使命会很容易完成，而当你粗心大意、怨天尤人时，也许这一理想将永远无法变成现实。

有些人认为生活的快乐与否与金钱正相关，这一观点有一定的正确性。然而，快乐和痛苦有时候并不完全取决于你的生活状况，很大程度上取决于你对生活的态度。就好像每次走到小区门口，看到那家卖烤鸭的女主人，我的心都要条件反射般地收缩一下，因为每次看到的都是一张愁苦的脸庞，她看起来是一个老实巴交、心地善良的女人，但也许是生意实在不好做，也许是竞争给她的生活带来了惶恐，也许她还有其他的烦心事。在张罗生意时也很难看到她的一丝微笑。总而言之，一看到她，就知道是一个不会排解烦恼的人。而另外一家卖烤鸭的店却生意兴隆，供不应求，女主人祥和的微笑让人觉得舒舒服服。同样是卖烤鸭，同样是在一个小区中，生意景气度却相差甚远。仔细想想，这真的仅仅是烤鸭的质量不如别人吗？还是她一贯的坏心情坏脸色让大家选择了对她的回避？

曾经有一个衣着朴素的老者，去一家商场为他的宝贝孙女购买生日礼物。当他看中一件漂亮的童装后，微笑地问营业员价格，也许是不巧赶上那个营业员心情不好，他很不耐烦地把价格告诉了老者，脸上写满了傲慢与轻蔑。老者付款后，非但没有丝毫不痛快，反而依然笑呵呵地向那位营业员道谢。旁边的顾客感觉有点不可思议，问那位老者，她对您这么没礼貌你怎么还那么高兴地向她道谢呢？老者笑吟吟地回答道，"我为什么要被她的态度左右我的心情呢？快乐是我的习惯啊！"

"快乐是我的习惯！"仅仅一句话就体现出老者的智慧，其胸怀之坦荡确实令人佩服。当快乐成为一种习惯时，那么你将不会被别人左右，而是左右别人。当快乐成为一种习惯时，世界在你的眼里将永远都是美好的。当快乐成为一种习惯时，你的人生就如同阳光一般灿烂无比。

每个人不管贫穷或富贵、得意或失意，都有享受快乐的资格，快乐绝对不是富人或是成功人士的专利。如果你现在还不是一个快乐的人，那么从现在起，就开始培养快乐的习惯吧！

1. 给朋友寄张卡片。

挑选一些漂亮别致的卡片，放在包中随身携带，在等公共汽车、排队结账等人时，随手拿出一张写上只字片语，如"永远都想念你""你一定会幸福的""想起我们曾经在一起的日子"等等，然后寄给你的朋友。当卡片被寄出去后，想到朋友们收到卡片时惊喜的表情，你也会感到心情愉快的。

2. 看一场悲伤的电影。

看一部令人伤感的电影，当你的心被剧情深深打动时，不妨尽情地放声哭出来，然后安慰自己说，还好这只是电影情节，并不是真实的生活，这个时候你的心情自然会大有改观。

3. 偶尔吃一顿大餐。

吃一顿大餐，不仅能享受到美味可口的食物，还能让你感觉自己受到了特别礼遇。人在受到与别人不同的照顾时，心情会不知不觉地变好。我们在小时候都可能有类似的经历：当父母特意为你买了一只与其他孩子不一样的漂亮的碗，你会高高兴兴地吃下比平时多的食物，即使不爱吃的食物也变得好吃起来。

4. 一边喝咖啡，一边读小说。

挑一家你数次匆匆经过却无暇进入的咖啡馆，带上一本让你感兴趣的小说，选一个靠窗边的位置，坐下来点一杯香浓的咖啡，抛开所有的工作和琐事，让自己沉浸在咖啡馆舒缓的音乐中，边喝边读……在不知不觉中，你会受到气氛的影响，得到真实的放松和享受，和浓浓咖啡一样幸福洋溢起来。

5. 在镜头中留下自己的每一刻。

在空闲的时候，每天用相机拍下一些身边的人和事，比如窗外的树木、路边的小花、邻居家的孩子和朋友的婚礼。然后将这些随时可能被遗忘的片段记录起来，当你不定期翻看照片时，你会觉得所有细节都是一种美好的回忆，于是整个人也会在不经意间快乐起来。

由此可见，快乐其实很简单。只要你对生活还存在热情，对生命还有珍惜，那么你就会快乐。这世上没有绝对快乐的人，只有不肯快乐的心，快乐是每个人自己的事情，只要你愿意，你就可以快乐，只要你愿意，快乐就可以成为你的习惯，只要你愿意，快乐可以毫无怨言地陪你走完漫长的人生之路，可以成为你生命中不离不弃的良师益友。

06 好心情可以装出来

"美国心理学之父"詹姆士曾经说:"因为我们哭,所以才愁;因为动手打架,所以生气;因为发抖,所以怕——而并不是愁了才哭,生气了才打架,怕了才发抖。"可见,行为与身体的变化可以改变我们的情绪。既然这样,我们通过改变自己的行为来使心情愉快也不是不可能的了。

心理学家告诉我们:一个人如果总是想象自己进入某种情境,感受某种情绪,那么这种情绪十之八九会真的到来。一个故意装作愤怒的试验者,由于"角色"的影响,他的脉搏会加快,体温会上升。

一名养路工在五年内先后经历过:儿子大学落榜、妻子患重病住院半年、家中被盗、在马路上工作时被汽车撞断胳膊如此倒霉的经历,你可能会为他担忧,觉得他的日子已经没法过了。你绝对想不到他依然很快乐,每天都是笑呵呵的。

当大家问他怎么能保持每天快乐的时候,他说:"其实,我的很多快乐都是假装的。儿子大学落榜时,我也难过,但我知道,难过不能解决任何问题,所以我就假装快乐,我的妻子看到我乐观的样子,也就慢慢放下心来,时间长了,我们就真的不再去忧虑这事了;妻子住院期间,我忙前忙后,压力很大,但我还是告诉自己,你现在很快乐,我的笑容给了她很大的信心,她能够感到快乐,我觉得我更有了快乐的理由;家中被盗,的确损失不小,但我想还是开口笑吧,假装快乐会让我忘记这件不愉快的事情,我对自己说,不就是丢了一点东西吗?没什么大不了的,还是快快乐乐地忘记这件倒霉的事情吧;而胳膊被撞断后,我告诉自己,不管怎么说,这件事还是值得快乐的,我可以趁机好好休息休息我不能垮掉,也不敢垮掉,我就假装快乐后来我发现,假装快乐也是可以让人感到快乐的！笑是免费的，假装快乐不用花一分钱，但它们却能伴随我渡过许多难关。"

可见，情绪可以调适，心情也可以"装"，只要你随时提醒自己，鼓励自己，你就能让自己常常有好情绪，坏情绪自然也不会常来打扰你。

有一位心理咨询师讲述了自己的故事：

苏珊走入咨询室的第一时间，就给人一种"阴沉"的感觉。这位刚步入职场的新人眉头紧锁，声音低沉，萎靡不振。她告诉心理咨询师："进公司半年了我就没有笑过。实在是太压抑，我很怕上司，很害怕同事。"这样的来访者积压着太多的情绪，"大道理"是无法说服和改变她的，于是心理咨询师采用了特殊的处理思路。

心理咨询师让她把自己害怕、担心、讨厌的事情一一列举出来，结果她写了很多。心理咨询师告诉她："现在把你列举的每一件事情都读出来，不过读完一条就要装出自己很高兴的样子，发出'哈哈'两声。"苏珊听了大惑不解，但还是按照我的要求做了。很出乎苏珊的意料，读着读着，她忍不住笑出声来。这样的笑声让苏珊心情好了很多。

心理咨询师使用的是"假笑疗法"。假笑能触动体内横膜，具有很好的热身效应。它好比将车钥匙插进汽车中一样，只要扭动钥匙，发动机就会工作。假笑的道理也一样，体内横膜会将假笑引发成真笑。在你尚未意识到之前，它已变成了一种由衷的欢笑了。

所以，无论在什么情况下，都请您做好欢乐的准备，因为好心情完全是可以"装"出来的。

哈佛心理学教授认为："假装快乐是一种快速调整情绪获得快乐的方法，虽然治标不治本，但的确有效。心理学研究发现，人类身体和心理是互相影响、互相作用的整体。某种情绪会引发相应的肢体语言，比如愤怒时，我们会握紧拳头，呼吸急促，快乐时，我们会嘴角上扬，面部肌肉放松。然而，肢体语言的改变同样会导致情绪的变化，当无法调整内心情绪时，你可以调整肢体语言，带动出你需要的情绪。比如你强迫自己做微笑的动作，你就会发现内心开始涌动欢喜，所以假装快乐，你就会真的快乐起来，这就是身心互动原理。"

心理学教授认为，这种感受还可以通过行为获得，情绪压抑者可以尝试"笑功"：先站直，然后身体前屈90度，再后仰10度，并配合喊出"哈哈哈哈"的声音，动作和声音力求夸张，连做6次，前后对比就会有不同感受。

追求美好的未来是人的天性，也是人类生存和社会进步的动力。所以憧憬未来，能帮助你"装"出好心情。憧憬美好的未来时，你能保持一种奋发进取的精神状态。不管现实如何残酷，始终相信困难即将克服，曙光就在前头，相信未来会更加美好。不管命运把自己抛向何方，你都会泰然处之。在这种心情下，坏心情看起来实在太渺小了。

"快乐是一天，痛苦也是一天"。挫折已经给身心带来了很大的伤害，那么我们为什么还要往自己的伤口上撒盐呢？我们为什么不能选择快快乐乐地过好生命中的每一天呢？

07　写下你的梦想

曾有心理学家对某所大学部分智力、学历等条件都相差无几的应届毕业生进行了一次关于人生目标的调查。结果是这样的：27%的人，没有目标；60%的人，目标模糊；10%的人，有清晰但比较短的目标；3%的人，有清晰而长远的目标。

30年后，心理学家再次对这群学生进行了跟踪调查。结果是这样的：3%的人，25年间积极进取，朝着目标不懈努力，已经成为社会各界的成功人士，其中不乏行业领袖、社会精英；10%的人，不断地实现他们的短期目标，已经成为各个领域中的专业人士，大都生活在社会的中上层；60%的人，他们没有取得什么特别的成绩，但生活还算安稳，生活在社会的中下层；剩下27%的人，他们是最消极的一个群体，无所作为，总在抱怨这个世界"不肯给他机会"，他们生活过得穷困潦倒。

很多人以为考上大学，拿到学位证、毕业证，人生的光鲜之路就开始了，辉煌的未来只需要再往前迈一步就可以获得。其实不然，并不是每一个从毕业的学生能取得杰出的成就，原因就在于他们并不清楚自己到底要什么。

告诉学生，人要及时树立一个目标，正如一个人要去远行，如果没有目的地，他就永远无法到达。

很多失意者的共同特点就是缺乏明确的目标。这些人因为没有目标，所以不知道自己想要获得什么，也不知道为什么而活着。他们对生活和工作都没有激情，没有信心，遇到困难消极对待，一如水上浮萍，东飘西荡，不知何去何从。可以想想，这些人终生无目的地漂泊，牢骚满腹、无所事事的生活是多么的糟糕。

一个明确的、远大的、可实现的目标是一个人成功的起点。成功学大师安东尼·罗宾曾说："没有人愿意偷懒，只不过他们欠缺诱人的目标，激发不出他们的干劲。"一个连目标都没有的人，自然无法把握自己的心态，除了贫穷和无聊以外，不会再拥有什么了！

普法战争爆发以后，法国开始使用氢气球前来德国侦察敌情。那时，高射炮尚未发明，德国人对这些在头顶飞旋的庞然大物感到非常惊惶失措。眼见此情此景的齐柏林在心中暗自立定志愿："我一定要发明足以与氢气球抗衡的飞艇！"

明确了自己目标的齐柏林，辞去了自己原有的各项职务，一心一意地从事飞艇的发明！

但是，研发飞艇是一项耗资巨大的工程。很快，生于贵族之家的齐柏林就将自己继承的庞大遗产，全都花得一干二净了！

齐柏林积极寻找解决问题的办法，他试着向德国政府寻求补助，但未能如愿，德国政府不愿给齐柏林任何资金。此后不久，齐柏林又想了另外一个办法："组织公司"！果然，集资50万马克创立公司的齐柏林，得到了工会对他的援助！

只不过，在齐柏林研制出的第一艘飞艇，不幸于1900年试飞失败后，工会因为觉得齐柏林的发明实在过于危险，便拒绝再出资支援他！

不肯灰心，也不愿就此放弃的齐柏林，于是改以"募款"来筹措自己所需的研发费用。

5年后，齐柏林研制出的第二艘飞艇，依然没有成功。更不巧的是，值此同时，齐柏林夫人正好过世。

但没有任何困难能阻止齐柏林实现自己的目标，他决定加快第三艘飞艇的研制！

这一次，不仅齐柏林研制的飞艇终获成功，而且，德国政府得知此事后，也立即拨款给他，作为研发资金的补助，并授予他黑鹰勋章与伯爵爵位。齐柏林也被人们尊称为"飞艇之父"。

在齐柏林开始研制飞艇的时候，成功似乎很渺茫。所不同的是，因为心中有明确的目标，所以齐柏林始终能保持积极的心态，并且最终收获了人生终极的幸福与成功。

现在，你该问问自己了，你是否能马上说出自己的目标呢？是否能说出自己想要得到什么？如果不能，就立即停下手头的工作，先去做一件事：确定自己的目标。

一旦你确定了自己的目标，你就能立即得到很多好处，而且这些好处几乎是自动到来的。

①你将得到的第一个巨大的好处就是你的目标会给你良好的自我暗示，受这种自我暗示的影响，你就能以积极的心态去进行工作，帮助你实现自己的目标。

②如果你确定了自己的目标，你就会主动地约束自己做正确的事，而不会分心于别的无益的事情，你的行动变得很有效率。

③你心甘情愿为实现目标付出努力，因此你的工作变得很有乐趣。你对生活和工作都充满激情，没有任何困难可以难倒你。

④你会积极主动地去寻找实现目标的机会，而且，由于你有了明确的目标，你知道你想要什么，你很容易就能察觉到这些机会。而在这之前，你几乎对它们完全视而不见。

这4种好处我们可以从德国的费迪南德·冯·齐柏林伯爵的经历中看出来。

任何成功的起点都是源于明确的目标。每个人都要记住这句话，并且经常问问自己："我的目标是什么？我真正想要的东西是什么？我是否在积极地为实现目标而努力？"

第三章　性格心理学

播下性格，收获命运

心态改变，态度跟着改变；态度改变，习惯跟着改变；习惯改变，性格跟着改变；性格改变，命运跟着改变。可见，发挥性格优势、培养独特气质，是一个人走向成功的关键因素。

01　性格的魅力

悲剧大师哈代说过：凡是个性强的人，都像行星一样，行动的时候，总把个人的气氛带了出来。

哈代的代表作《德伯家的苔丝》，现今已然成为世界经典之着。书中的悲剧气氛，让人多年后仍感觉心有戚戚焉。苔丝的忧郁、善良、朴实、柔弱，男主人公安吉尔·克莱的封建，这两种性格，都不是心理学所推崇的。女人可以忧郁、善良、外表柔弱，但是应该有一颗坚强的心，让她足以应付生活中的纷繁复杂；男人可以封建，但一定要有自己的主见，遵从自己的心。其实有时候选择很简单，将两种东西摆在面前，然后想一下彻底失去其中一种的时候，你会怎么样。《德伯家的苔丝》中，正是因为男主人公的徘徊犹豫，让已有的爱情伤痕累累，最终酿成了三个人的悲剧。这不禁让人慨叹：坚持自我，有那么难吗？

黑格尔曾经说过：个性像白纸，一经污染，便永不能再如以前的洁白。性格是人个性发展的决定因素，你拥有什么样的性格，将决定着你情感、工作、生活等各方面的选择。一个良好性格是向外渗透的，即使不通过言语行为，你也能强烈感觉到其精神特质，人们自然向这种人靠拢。而一个有性格缺陷的人为人处世偏激、武断、自私、敏感，由于性格中的许多因素没有和谐发展，故而常常影响到别人，身边的人或小心翼翼和他处事，或对他敬而远之，这种人生活中的麻烦总是不断。

小王本是一个聪明、乖巧、懂事的男孩，不幸却在一个充满吵闹、面临崩溃边缘的家庭中成长。这使得小王在成长中越来越变得少言少语，内向、机警、偶尔显出暴躁的情绪。十八岁那年父母离异，小王更加内向，坚决住校，与父母疏离。在学校里小王会利用课余时间偷偷去打工，自食其力，在同学面前总是一副凛然不可侵犯的样子，偶尔有女生出于好奇探问他几句，换来的都是他的暴怒和怨恨。总觉得所有人都在看着他，暗地里嘲笑他，大二那一年父亲去看他，他再也承受不了心理压力毅然离校回到一个小山沟里和父亲相依为命过起了穷苦的生活。山里人只要勤劳日子还是好过的，可他的父亲却偏又好吃懒做，东借一家，西借一家，见此情景，小王创造生活的热情迅速冷却，但仍然埋头苦干，使用机器时不小心，一枚螺丝飞出来将一颗门牙打落了，头发也长了，刚来时那个帅气的小伙不见了。生活却因父亲的酗酒而更加艰难，父子俩开始你看不惯我，我看不惯你，时时引发争吵，一天，父亲请几个邻居在家喝酒大吵大闹直至深夜仍无散意，山里人粗鲁，趁着酒劲竟相互贬损起来，小王躺在土炕上，几经压抑，怒从心起，抡起菜刀抓住一人猛砍，其余三人跳窗、踹门夺路而逃，小王旋即追出，面目狰狞，眼中冒火，满村子急走喝问："你在哪？你给我出来，我都整死你们，一个也不留！"乡村静悄悄的，所有人都屏息静气，被这场血腥事件震惊了。

　　魔鬼其实就在自己的心里，是长期被压抑的恶劣性格的产物。

　　我们每个人都要直面自己和人生，及时摆脱负面性格的困扰，不要让自己滑向极端的深渊。唯有如此，才能在冲动来临时控制自己，从而让自己拥有一个积极向上的心态，面向生活中阳光的一面，多交流，多沟通，引导自己的性格向良性健康发展。否则自我纠缠，绑缚得太深，终有一日爆发，那必是灾难性的。

　　相反的，性格好，个性强的人则能利用自己的性格将自己的人生推向高峰。

02 你的性格，由你决定

俗话说，江山易改，本性难移。然而，在这里，心理学家可能要颠覆这个根深蒂固的观念了。在心理学家看来，性格不但具有可变性，而且它变化的难易程度，远比江山社稷简单得多。

那些诸如"性格一旦定型，人的一生就决定了""18岁前性格还可以变，之后就难以改变了"的论调是到更新的时候了。性格在任何时候都是可以改变的，只是随着年龄而有难易不同罢了。

人的性格，主要是指人在其行为和态度上面所体现的心理特征，主要有四个方面的特征。

首先，性格的态度特征，指的是人对社会、他人、学习、工作和自己诸多现实的态度。

其次，性格的意志特征，主要是指意志控制自身行为方面的特征。

再次，性格的情绪特征，主要指人情绪方面各种维度上的特征。

最后，性格的理智特征，在认知的各个方面感知、记忆、想象、思维方面有不同的特征。

从上面可以看出，人的性格就是态度、意志、情绪、理智四个方面结合起来的混合体，其中尤为重要的是态度特征。态度特征是由一个人的世界观、信念、理想、兴趣等组成的需要系统决定的，这个需要系统是人一切行为的动力。态度特征直接体现着一个人对事物所特有的稳定的倾向，是人的本质属性的反映。而恰恰正是这个最能反映人的本质属性的态度特征是可以改变的，而且并不是很难改变。

我们常说"成见"这个词，就可以看出人的态度特征，"成见"不容易改，但不是绝对的不能改，在多次实践之后，"成见"终归消失在正确的认识之中。比如，一个懒惰、无所事事的人在绝境和逆境之中，还是会认识到勤劳的意义。实践活动是改变一个人的态度特征的根源因素，一旦在实践中被证实的观念就会毫不犹豫代替以前的错误观念。使一个自私自利的人变成大公无私的人，一个心狠手辣的人变成一个慈悲为怀的人，一个孤独偏激的人成为一个乐群热情的人。

而相对于态度特征，性格的其他三个方面的特征，改变则难一点，究其原因，意志、情绪、理智等方面的性格特征有很大的生理、遗传的先天因素的影响。性格特征决定了，比如说勇敢与否，与人的世界观、信念大有关系，有些人主导心境常是悲伤，就是源自他世界观的悲观，有些人情绪很稳定则很有可能是其恬淡、不贪的世界观所致。

所以，性格的其他三个方面的改变相对于态度特征来说，要难一些，而我们平常所说的"本性"，也有相当部分指的是这三个方面。但是态度特征对于其影响是非常重要的，态度特征的改变也能够在相当程度上改变其他意志、情绪、理智方面的性格特征。而这三个方面受生理因素影响的特征也不是不能改变，在人的实际生活中，可以逐渐地改变，比如一个急躁的人当了医生之后，逐渐地养成耐心的特征，逐渐改变着其神经类型。只是比起态度特征来，要缓慢一些，复杂一些。

态度特征的改变可以标志人的性格的改变，态度特征一般在两种条件下改变的，环境的外力改变和自我调节的内力改变，而前者也需要作用于自身的态度，改变原有的态度，从而使自身的性格发生变化。性格环境的外力改变，主要发生在重要的人生变故之后，比如家道中落、亲人去世、重大意外打击或者逆境中突遇机缘、天降鸿福等，这些人生变故可以使一个原本外向活泼的人变成一个内向沉默少言的人，也可以使一个自卑悲观的人成为一个自信乐观的人。

性格自我调节的内力变化相对前者更加重要，从这个意义上说，人的性格可以是自己来决定的，这方面不乏例子，众多逆境中成材、梦想成真都可以说明。在自我调节变化自己性格的过程中，一般都是先改变自身的世界观、信念，改变自身的态度特征，进而改变自己各方面的性格特征。因此，对自身的要求，对自己的督促，对社会、他人与自己关系的思考都有可能在不知不觉中改变着自己的性格。

人们一直说要寻找自我，其实自我不需要寻找，自我始终都在自己身边，在心灵最深处的地方。"清水出芙蓉，天然去雕饰"，自我不需要刻意改变什么，顺其自然就是自我。无论你如何的为生计奔波、劳苦，生活中总有些时候能让自己的心灵平静下来。因为只有心平静下来，才能与自身处境保持一定距离、取得审视的视角；心平静下来，才会赫然发现自己究竟会干什么，能干什么，才会更加深刻地、冷静地认清自己。给自己一些时间，向无限深处的地方重新发现一下自己内心的真实状态，活出真实的自我，在心中保留一块净土，播种人生的希望。

综上所述，"江山易改，本性难移"这句话是错误的，人的性格是可以改变的。人可以通过改变态度特征来改变其他三个方面的性格特征。更为重要的是，人可以通过自我调节来改变自己的性格，从这个意义上讲：你的性格，你来决定。

从改变你的态度来改变你的性格，性格既然是由你来决定的，你就更要发挥自身的主观能动性，让你的个性、特性结合你先天的性格优势充分发展完善，打造一个趋于完美的独特的你。

03　宽容是一种艺术

海纳百川，有容乃大。宽容是人类一种可贵的胸襟，可以说是一种美丽而富有爱的人格。

人活一世，并不是被孤立在孤岛之上。从原始社会到现在要是没有人与人之间的交往和接触，估计人类仍然过着野蛮的生活。古人很早就提到过，做事情一定要注意天时、地利、人和。把后者人和才是最为关键的条件。人和就是团结，团结就需要一个融洽的环境，内部的成员"宽容"营造了一个能固若金汤的团队。

无论是对于一个民族、一个国家、一个组织、还是我们每一个个体而言，宽容都是解决一切矛盾的前提。宽容，是一种人类的美德，有了宽容、谦让，就有了有了和平、平安的环境，人类才可以享受没有战争的和平世界。

学会在宽容中理解他人，善待他人，关心他人。才可以得到别人的理解和宽容。这也是对于人的一种本身的尊重的表现之一。

宽容不仅赐福于被宽容的人，也赐福于宽容者本人。其实，宽容别人就是善待自己。

美国第三任总统杰斐逊与第二任总统亚当斯从恶交到宽恕就是一个很好的例子。杰斐逊在就任前夕，到白宫去想告诉他们之间的友谊。可杰斐逊还来不及开口，亚当斯便咆哮起来："是你把我赶走的！是你把我赶走的！"从此两人不再交谈达数年之久。直到后来，杰斐逊的几个邻居去探访亚当斯，这个坚强的老人仍在诉说那件难堪的事，但接着冲口说出："我一直都喜欢杰斐逊，现在仍然喜欢他。"邻居把这话讲给了杰斐逊听。听后，他便请了一个彼此皆熟悉的朋友传话，让亚当斯也知道他深重友情。后来，亚当斯回了一封信给他，两人从此开始了美国历史上最伟大的书信往来。

宽阔的胸怀是一种可贵的精神，亦是一种高尚的人格，宽阔的胸怀意味着理解和通融，是融洽人际关系的润滑油，是友谊这桥的凝固剂。宽阔胸怀还能将敌意化解为友谊。

一天，老师问班上的学生："你们有没有讨厌的人啊？"学生们想了想，有的默不作声，有的则用力地点点头。老师接着便发给每人一个袋子，说"我们来玩一个游戏吧。想想看，过去这一周，曾有哪些人得罪过你？他到底做了什么让你不开心的事情？想到后，把他的名字和不开心的事写在小纸条上，放学时间到河边去找一块石头，然后贴在石头上，如果他实在很过分，你就找一块大一点的石头，如果他犯的只是小错，你就找一块小一点的石头。每天把'战利品'用袋子装好送到学校给老师看看。"

学生们感到非常新鲜有趣，放学后，每个人都抢着到河边去找石头。第二天一早，大家都提着装鹅卵石的袋子到学校来，兴高采烈地谈论着……一天过去了，两天过去了，三天过去了……有的人的袋子越装越大，几乎提不动了。终于，有同学提出了抗议："老师，好累啊！"老师笑了笑说："那就放下这些代表着别人过错的石头吧！""学习宽恕别人的缺点，不要把它当宝贝一样记在心上，扛在肩上，时间久了，谁也受不了……"

每个人都会犯一些小错误，每个人都希望能够得到别人的宽恕。当你得到别人的宽恕时，也要想着在将来的某个时候去原谅别人一时糊涂犯下的过错。

哈佛学子亨利·梭罗曾说："谁若想在困厄时得到援助，就应在平日待人以宽。"你怎样对待别人，别人就会怎样对待你。当你善待别人时，别人也会给你应有的回报。

一个富翁有三个儿子，就在他年事已高的时候，富翁决定自己的财产全部留给三个儿子中的一个。可是，到底要把财产留给谁呢？富翁最后想出了一个可行的办法：他要三个儿子都花一年的时间去观游世界，回来之后看谁做了最高尚的事情，谁就是财产的继承者。一年的时间很快就过去了，三个儿子按时回到家中，富翁要三个儿子各自讲一讲自己的亲身经历。大儿子得意地说:"我在游历世界的时候,遇到了一个陌生人,他十分信任我,把一袋金币交给我保管,可那个人却意外地去世了。最后,我就把那袋金币原封不动地交还给了他的家人。"二儿子自信地说:"当我旅行到一个贫穷落后的村落时,看到一个可怜的小乞丐不幸掉到湖里了,我立即跳下马,从河里把他救了起来,随后留给他一笔钱。"三儿子犹豫了一下说:"我,我没有遇到了一个人。他很想得到我的钱袋,一路上千方百计地害我,我差点死在他手上。可有一天,我经过悬崖边,看到那个人正在悬崖边的一棵树下睡觉,当时我只要抬一抬脚就可以很容易地把他踢到悬崖下。我想了想,觉得不能这么做,正打算走,又担心他一翻身掉下悬崖,立即就叫醒了他,然后我才继续赶路了。这实在是算不了什么有意义的经历。"富翁听完三个儿子的话,点了点头说道:"诚实、见义勇为这都是一个人应该有的品质,但是称不上高尚。有机会报仇最后却放弃了,又反过来帮助了自己的仇人脱离危险,这样的胸怀才是最宽阔的、最高尚的。因此,我的全部财产都归老三管了。"

宽容会使你的精神达到一个更高的境界。在我们的生活中,难免会发生这样那样的事情:亲密无间的朋友,无意或有意间做了伤害你的事,你是用宽阔的胸怀包容他,还是从此与他分手,两不往来,或俟机报复?有句话叫"以牙还牙",分手或报复似乎更符合人的本能心理。倘若这样做的话,怨恨就会越来越深,仇也越积越多。可是这样的话,以冤报冤何时了呢?如果你在切肤之痛后,采取别人难以想象的态度,用宽阔的胸怀包容对方,表现出别人难以达到的胸襟,你的形象瞬时就会高大起来。你的宽宏大量、光明磊落会使你的精神达到一个新的境界,这样你的人格就会折射出更高尚的光彩。

心理学家说:"人们每做一件好事的时候,都会在内心产生一种愉悦。其实,这就是爱心和善举给我们的回报,这种回报正是人生最宝贵的东西。"

宽容是力量,可以使人振奋。当然,宽容的力量需要不断的继续,需要记住别人的好,忘掉别人的坏。一个人必须具有容纳怨怒与耻辱的能力,再加上包容一切善恶贤愚的态度,才能够宽容他人,当然,这样的人必然是有魅力的人。

在我们的生活中，善待别人也就是善待自己，要想让自己活得更开心，就宽容曾经让你失望的人吧，宽容你的敌人，以退为进，也是一种生活的处世策略。学会宽容，一切矛盾和不开心的事情都会变的海阔天空，学会宽容，遇到生活中的旋涡和大浪，也会让你控制的风平浪静。

04 生命因奉献而精彩

著名心理学家阿德勒说：奉献乃是生活的真实意义奉献是人生的最高境界，是高尚者的一种欲望，是无私者的一种享受。奉献体现出一个人的价值追求，也是一种人生的意义。奉献还是一种来自心灵的力量。

在我们这个纷繁芜杂的社会中，许多人觉得人与人之间的关系趋于淡薄，亲朋好友间的距离不断疏远。五六十年代的那种"奉献"的精神，在我们的这个时代几乎杳无踪影。平时所谓"奉献"人生价值之类的东西也只是喊口号而已。其实奉献，并不遥远，也不是都要像雷锋叔叔一样，无时无刻不在助人为乐，甚至献出自己的生命。其实，奉献对个人而言，就是要在这份爱的召唤之下，把本职工作当成一项事业来热爱和完成，从点点滴滴中寻找乐趣；努力做好每一件事、认真善待每一个人，全心全意为机关事务工作服务，履行党和人民赋予的光荣职责。努力地用这份爱去感染身边的每一个人，用大家的无私奉献编织出事业、祖国的美丽蓝图；奉献对人类来说，是一种美好的传承，奉献是一种大无畏的精神，奉贤让人赞颂，无私奉献的人让人称赞。

奉献需要付出，自私的人永远不懂奉献，因此懂得奉献，并将奉献付诸实践的人才那样的难得、可贵，才哪有的令人感动和钦佩，才会有"气场"环绕。其实，在我们的日常社会生活中，一个不懂得奉献的人，并不会遭到人们的辱骂，但是却会遭到人们的耻笑。只有那些懂得奉献的，并一直以奉献为使命的人，才会是人们心目中真正的英雄。

为别人做好事不是一种责任，而是一种幸福，因为这能增加你自己的健康和快乐。多为别人着想，不仅能使你不再为自己忧虑，也能帮助你结交很多的朋友。

——摘自卡耐基《人性的弱点》

20世纪美国最杰出的无神论者——西多·德莱特，他把所有的宗教都看成是神话。人生只是一个傻瓜说出的故事，没有任何意义，但是他却遵循着他眼中的"傻瓜"——耶稣所讲的一个道理——帮助他人。德莱特说，如果每个人想在漫长的人生中享受快乐，就不能只想到自己，而应为他人着想。

琳娜太太喜欢写小说，然而她写的任何一部小说都没有她自己的故事精彩。

故事发生在"珍珠港事件"当天的早晨。琳娜太太患心脏病已经一年多了，这一年多来，她每天都要在床上躺22小时。在这一年中，她所走过的最长的一段路，就是在女佣的搀扶下从卧室走到花园里去晒太阳。

琳娜当时以为这一辈子就这样完了，如果不是那些日本人来炸珍珠港，她也不可能重新开始新的生活。

日本人偷袭珍珠港时，有一颗炸弹就扔在了她家花园里，炸弹的震波把琳娜太太从床上震得掉在了地上。军方的卡车到基地附近把战士们的妻儿接到学校中，他们打电话通知那些家中有多余房间的人，要求他们收容这些人。他们知道琳娜太太床边也有一个电话，于是请求她帮他们记录所有的资料。于是琳娜太太仔细地记下了那些海军的妻儿都被送到了什么地方，然后红十字会让那些士兵打电话给她，向她询问他们家人的情况。

很快琳娜太太知道了丈夫平安的消息，于是她尽量想法安慰那些不知道她们的先生是否已阵亡的太太们，也安慰那些寡妇们——好多太太已知道失去了丈夫。刚开始的时候，她是躺在床上做这一切的，不知不觉中，她坐了起来。最后，她忙得忘记了自己，下床坐到了桌边。从那以后，她除了每天像正常人一样在床上睡8个小时以外，其余的时间她都是在地上度过的。

如果不是那场战争，琳娜太太后半生都将会在床上度过。珍珠港事件是美国历史上的一大悲剧，但对于她个人来说，却是一件好事，它改变了她后半生的生活，让她发现了她所拥有的力量。它使琳娜太太把注意力转移到其他人身上，去关心他人。这也给了她一个生活下去的重要理由，她再也没有时间去想自己，或是为自己担忧。

那些求助于心理医生的人们，如果都能像琳娜太太那样做，去关心别人，1/3 的人都能自己治愈自己。这是著名的心理学家卡尔·莱克说的，他曾经说过，在他的病人之中，大约有 1/3 的人在生理上都找不到任何病因，他们只是因生活空虚，找不到生活的意义所在。

西雅图的卢勃博士已很多年没下床走一步了，但西雅图一家报社的记者斯尔特·郭斯却高度评价他是最无私的人。

一位常年卧床的人是怎样化解自己的烦恼，成了一个无私的人的呢？答案就是，他一直遵循着"为他人服务"的信念，并努力去实践它。

他收集了全国各地瘫痪病人的通信地址，给他们发出了一封封充满鼓励、洋溢着关心的信件，激励他们勇敢地与病魔做斗争。他把这些病人联合起来，组成了一个瘫痪者联谊俱乐部，让大家相互写信鼓励。

每年要在床上发出 1400 封信，给许多的病人带来了快乐和笑声。

卢勃博士与其他瘫痪在床的病人最大的不同之处在于，他深切体会到真正的快乐，是在帮助他人当中获得的。萧伯纳说过，一个以自我为中心的人，一天到晚都在抱怨别人不能使他开心。只有乐于助人，为他人带来笑声，那么你才能真正地快乐。

威廉·贝恩太太在纽约市中心开了一所秘书培训学校，她用这种方法，在让人不敢相信的时间内治好了她的忧郁症。

五年前的圣诞节时，贝恩太太沉陷在自怜与悲伤中。在长时间的快乐婚姻生活之后，她的丈夫离开了人世。在圣诞节来临时，满世界的快乐气氛让她更加悲伤。贝恩太太从小到现在还没有一个人单独过过圣诞节。有很多朋友都来邀请她和他们一起过圣诞，她怕自己会触景伤情，破坏了节日的气氛，便一一回绝了他们。时间越临近，贝恩太太的伤感情绪越浓。圣诞节那天，她一个人在下午三点钟离开了办公室，漫无目的地在大街上闲逛，希望自己的心情能变得好一些。街上挤满了欢乐的人群,这让贝恩太太不自觉地想起那些快乐的往事。她心头十分茫然,实在不敢回到那空荡荡的、没有人气的家中。漫无目的地走了一个多钟头,她发现自己走到了一个公共汽车站前。顺着人群,她上了车。不知过了多长时间,只听乘务员在耳边提醒她,该下车了。这时,她都不知道到了哪儿,四周很安静。这时,附近一座教堂里传来了优美的乐声,她循声走了过去,静静地坐在教友席上。教堂里灯火辉煌,圣诞树装饰得美轮美奂,不知不觉中,贝恩太太就睡着了。

醒来时,贝恩太太一时忘了身在何方,开始有点害怕。这时,她看见面前有两个小孩,显然他们是来看圣诞树的。其中一个小孩还以为她是圣诞老人带来的。贝恩太太突然醒来,把他们两个也吓了一跳。她冲他们笑了笑,他们的衣服很破旧。贝恩太太问他们的父母在哪儿?他们说自己没有父母了。这两个小孤儿的情况比她糟糕多了,她不禁为自己的忧虑和悲伤感到惭愧。她带着两个小孤儿到附近的商店买了一些小礼物送给他们。这时候,她发现自己的悲痛伤感一下子都没有了。这两个小孤儿让她几个月来第一次忘掉了自己。她要感谢上帝,让她的童年充满了欢乐,她得到了父母无私的爱与关怀。这两个孤儿带给她的远比她带给他们的更多。

这次的经历让她明白,要想让自己快乐,首先要给别人送去快乐。快乐是能够传染的,在付出的同时也有收获。因为帮助别人、付出自己的爱,她克服了悲伤与痛苦,她感觉自己就像是变了一个人,从那以后一直都是如此。

"不行春风,难得春雨"。生命的绿色生机需要德行的沐浴,坚韧的浇灌,挚爱的孕育。心诚,纯爱,心便会永远绿色长青!把自己的爱心、真心、纯心交付给别人,生命的天堂才会焕发光彩。

05 拥有坚韧的品质

居里夫人说过："成功的路是用血而不是水铺成的"；泰戈尔也曾说："只有经历地狱般的磨难，才有创造天堂的力量；只有流过血的手指，才能弹奏出世间的绝唱"。所以，无论是个体还是组织，在充满着顺境、逆境、高潮、低谷的人生道路上，只有那些在低谷奋起、在困境中坚持、愈挫愈勇、百折不弯的人们，才能铸就辉煌。

坚韧，古人谓之弘毅，朱熹认为"弘乃胜得重任，毅便是担得远去"，坚韧就是强劲而有耐性，不可动摇，形容意志坚强，任何艰难挫折都动摇不了。一个有"气场"的人，也必定是一个有着坚韧品格的人，因为他们懂得有了坚韧，也就有了坚强的意志、坚定的信心和坚毅的性格，就能不畏任何艰难险阻，为理想执着追求、一往无前。在通往成功的道路上，坚韧不拔的毅力是战胜困难、越过障碍、取得成就的强大动力。面对灾难、困难、失败、挫折，坚韧是我们的最重要的品质，是我们伟大的精神支柱，是我们重新奋起的力量源泉。坚韧是人一生中都不能放弃的东西，作战胜利的桂冠，是由坚韧打造的；运动场上光灿灿的金牌，是用坚韧的汗水锻铸的。坚韧的红柳，于荒漠扎根，画亮丽风景；坚韧的志士，虽艰难历尽，成旷世伟业；坚韧的企业，终困境突围，铸长青基业；坚韧的国家，必百废俱兴，展大国宏图，这就是坚韧的魅力，这就是坚韧气场的力量。

举世瞩目的滑铁卢大战，在炮火连天之后，拿破仑惨败。随后，他被放逐到圣赫勒拿岛。其实，在放逐的途中，拿破仑还曾想要放弃，还有几分坚韧，还想有朝一日从岛上逃出。然而，当拿破仑来到这个岛上时，当他看到这个岛上的一切景象时，已经完全丧失了意志，失去坚韧。岛的四周除了海水还是海水，永远不敢奢望会有帆影的出现。整日面对悬崖峭壁，满山火岩，拿破仑昔日被战争打造的叱咤风云的气概和坚强的性格，已荡然无存。

有一天，拿破仑的一位密友以极其秘密的方式，给他送来的一副象牙和玉做成的极其精美的国际象棋。拿破仑对这一副国际象棋爱不释手，从此以后，一个人日复一日地在下象棋。再也没有想过要走出这个小岛的想法了，他以往的坚韧已经荡然无存。终于，拿破仑在这个孤岛上枯涩的结束了自己的生命。

拿破仑死了之后，他的那副象棋不断被转卖，几易其主，最后收藏象棋的主人在一个偶然的机会发现，有一颗象棋的底部能够打开，令人万分惊奇的是，里边竟然密密麻麻写着如何从这个岛上逃走的计划。为什么别人能发现的秘密，拿破仑当时却没有发现呢？

其实，凭着拿破仑取得成就，就凭着他的心计、他的策略、他的勇气不可能发现不了这副象棋里面的秘密的，但最终他还是没有发现，不是因为他的智慧而是他消失了的坚韧：拿破仑在面对失败的时候，随着时间的推移，意志慢慢被消磨，他也就面对了放弃，他的心被失败占领，他没有了坚韧，由此，他压根就没有思考这副象棋意味着什么，仅仅当作是送给他消磨时光的工具而已。事实上，他败给了自己，是因为他失去了坚韧。从这个故事中，我们可以看到一个无论多么成功的人，一旦失去坚韧，丧失的可能是自己宝贵的生命。

"水滴石穿"的古训，就是告诫人们：只要我们拥有坚韧，做事就能获得成功。古今中外，凡取得了卓越成就者，都是坚韧不拔有毅力的人。"文王拘而演《周易》；仲尼厄而作《春秋》；屈原放逐，乃赋《离骚》；左丘失明，厥有《国语》；孙子膑脚，兵法修列；不韦迁蜀，世传《吕览》；韩非囚秦，《说难》《孤愤》；《诗》三百篇，大抵圣贤发愤之所为作也。"司马迁也是因为得罪了汉武帝被处以重刑，面对严酷的现实，他不仅勇敢地活了下来，而且以惊人的坚韧完成了《史记》，一部历史上最有文学价值的人物传记著作。很多事实足以证明：凡是有成就的人，必具有坚韧的品质，所以，如果一个人想要拥有气场，也必然不可缺少坚韧的品格。

"百炼成钢绕指柔"。一个人经过千锤百炼之后，会成为绕指柔的纯钢、而一个柔顺如纯钢的人，正是一个坚韧如纯钢的人。我们应该让自己坚强，但不要让自己缺少以柔克刚的韧性。奥斯特洛夫斯基说："人的生命如洪水奔流，如不遇到岛屿和暗礁，难以激起美丽的浪花。"只要我们有坚韧，就能尝试到在坚韧中搏击的乐趣。中国乒乓球运动员邓亚萍是乒乓球历史上最伟大的女子选手，在乒坛世界排名连续8年保持第一，成为唯一蝉联奥运会乒乓球金牌的运动员，并获得4枚奥运会金牌。然而在她成功的背后又有几人能知：她身高仅有1.55米，在成名之前，流过了多少汗水和泪水，忍受了多少辛酸和苦楚，熬过了多少挫折和磨难。然而正是由于她的坚韧，她却笑到了最后。此外，她也是凭着坚韧，从英语基础为零的起点，先后到清华大学、英国剑桥大学和诺丁汉大学进修学习，并获得英语专业学士学位和中国当代研究专业的硕士学位。在我们的日常生活中，学习、创业、成功是一件艰苦的事情，我们要想有所作为，就要有那种"铁杵磨成针"的韧劲，就要有坚韧不拔的毅力。

俗话说"古之成大事者，不惟有超世之才必有坚韧不拔之志"，是的，坚韧不拔的人能利用环境的压力，产生更大的弹力，结果压力越大，它跳得越高、坚韧不拔的精神之所以可贵，就是因为它既"坚"且"韧"，从不在困难面前退却。

06　责任胜于能力

责任心是指个人对自己和他人，对家庭和集体，对国家和社会所负责任的认识、情感和信念，以及与之相应的遵守规范、承担责任和履行义务的自觉态度。一个拥有责任心的人，常常很受人欢迎，因为他给人一种安全感和踏实感，会让人情不自禁地追随他。

责任感、责任心是每个人在这个社会生活的必须品格，在这个社会上每个人都肩负着责任，对工作、对家庭、对亲人、对朋友，都有一定的责任，一个人的行为正是因为存在这样或那样的责任而有所约束。社会学家戴维斯说："放弃了自己对社会的责任，就意味着放弃了自身在这个社会中更好的生存机会。"

责任心是一种习惯性行为，也是一种很重要的素质，是做一个优秀的人所必需的。因此，一个优秀的人必定是一个具有强烈责任感的人，那么这个具有责任感的人也必定具有吸引力的气场。责任感对于一个人来说是极为重要的，责任心也是做事情的标准之一，没有责任心就不可能认真去做事，那么也就没有办法做成任何大事。

马林，今年刚刚大学毕业，这一天接到一家大公司的面试通知。马林按照通知上的提示来到这家公司面试，老板通过与马林交谈之后，他觉得马林并不适合他们公司，于是他很委婉地拒绝了马林，并很客气地和马林道别。当马林从椅子上站起来的时候，手指不小心被椅子上跳出来的钉子划了一下。也许是出于习惯，马林顺手拿起老板桌子上的镇纸，把跳出来的钉子砸了进去，然后和老板道别。就在这一刻，当老板看到马林的这个举动的时候，老板突然间改变了自己的注意，他决定要留下马林。

后来，这个老板说："我知道在业务上马林也许并不适合本公司，但她的责任心的确令我欣赏。我相信把这样的公司交给这样的人我会很放心。"

马林正是凭借着自己平时就养成的这种责任心，赢取了这份工作。

可见，命运总是厚待那些勇于面对问题、自觉承担责任的人。一个人即使聪明才智差一点，但假如他肯对工作负责，成功的机会也必定比只有聪明才智而无责任感的人要多。

因为责任能够让一个人具有最佳的精神状态，精力旺盛地投入工作，并将自己的潜能发挥到极致。责任感可以督促一个人全身心地投入工作，最终保证出色地完成工作。在这个浮躁的社会中，责任就是忘我的坚守，责任就是人性的升华只有责任感才可以使得一个人这样忘我的投入，这种忘我的投入是这样一种吸引人的气场呀！

责任感是一个人的精神家园，一个没有责任感的人就会失去精神上的依托，就没有了向上动力，最终不仅做不好事情还会摧毁自己，更与气场绝缘。乔治是木匠工作的，他的敬业和勤奋深得老板的信任。在其年老的时候，乔治向老板请退，老板十分舍不得他，再三挽留，但是他去意已决，不为所动。老板只好答应，但希望他能再帮助自己盖一座房子。乔治不能推辞只好答应。但是乔治已归心似箭，心思全不在工作上了。用料也不那么严格，做出的活也全无往日的水准。老板看在眼里，但却什么也没说。等到房子盖好后，老板将钥匙交给了乔治，并对他说："这是你的房子，我送给你的礼物。"乔治一下子愣住了，悔恨和羞愧溢于言表。

在这个世界上没有什么工作是做不好，只是有些人不负责任罢了。因此，如果一个人希望自己一直有杰出的表现，就必须在心中种下责任的种子，让责任感成为鞭策、激励、监督自己的力量，使自己在工作上没有丝毫的懈怠。可以通过以下几点培养责任心。

1. 无论做什么事情态度一定要端正。

态度决定一切，同样的事，态度不同，结果也不同。所以要想把事情做好，必须先把态度端正好。一个端正的态度是建立责任感的基础。

2. 培养自己的使命感。

兴趣和义务感会激发一个人的使命感。兴趣会使人的"内在激励"更持久、更经济、更有效，因为责任与兴趣是相伴而生的。义务感是一个人成熟的标志，意味着一个人不再做天上掉馅饼的白日梦，不再指望不付出就能得到收获，自然就会认真负责了。

3. 心怀危机。

我们的这个社会发展进步很快，一个人具有危机意识，就会更加的努力不断创新，不断地追求进步，并始终保持走在时代的前列，这样也就会更加尽职尽责地做好自己经手的每一件事情。

4. 不要置身事外，力所能及的要积极参与。

不要以各种各样的理由为借口，推卸责任，置身事外，而应该在自己力所能及的范围之内，积极地参与，为事情向着完美的发展着想。

5. 不要自我设限，积极面对现实。

成功人士都是以积极心态看待问题的，他们从来不会在没有做之前，就假定"这件事情我做不好"。害怕承担责任的一个重要原因就是没有勇气，自己给自己设置了太多限制。而相信自己的潜能，就能使你勇敢地承担责任。

当然了，一个人的责任心是以认识为前提的，对于一个没有是非标准的来说，责任心就无从谈起。一个人自身的发展、与他人之间的交往和对社会的贡献，都来自明确的、认真履行的责任。

责任心是一个人立足于社会获得事业与家庭幸福的关键。卓有成效和积极主动的人，他们总是在工作中积极承担责任，主动解决问题。同时责任心，会给你一双发现问题的慧眼，给你进取的力量，使你总能想出别人想不到的好办法。如果一个人没有责任心，他即使有再大的能耐也做不出好的成绩来，一个没有责任心的人，必然与社会的要求相背离，也终会被社会遗弃。责任从来都是公平的，它既不会让一个强者感觉轻松，也不会让一个弱者感到疲惫，强烈的责任感能战胜一切。

07 专注是一种品质

专注的意思是身心的完全投入。它可以分为两层含义：一是指做事情的时候"专心致志，心无旁骛，目不两视，耳不两听，精神专一"；二是指执着，做事情的时候做到"不抛弃、不放弃，对追求的目标执着地去奋斗。"这样专注的人，怎能不引人瞩目，不仅吸引人还吸引媒体的注意，这就是气场。

我们的生命只有一次，每个人都渴望自己的人生可以精彩辉煌，希望在自己的领域能够有所作为，成就一番事业。有个名人说过：专注，是成功最需要的一种品质。专注于小事，可以干成大事；专注于大事，可以成就伟业。一个人要想成功、要想成就一番事业必须具备专注的品质，一旦专心下来，笃定去做，就会发现成功的踪迹。其实成功的人，往往是最有气场的人，而这些成功的人往往是那些专注的人。纵观历史，我们发现并不是所有的人都可以一展抱负，成就一番事业，而那些能够成就一番事业的人都有一个共同点：专注。

专注也是一种美，一种引人瞩目的美，俗话说得好："最美的就是你凝神沉思的瞬间！"这瞬间之美，美在专注。即便不说一言一语，不做一举一动主要专注其中，就能达到这种美的境界。

从前，有一个富有的农场主，他有一块名贵的金表天天戴在身上，在一次巡视谷仓时不小心将这块名贵的金表遗失在谷仓里，他找遍了偌大的谷仓都没有找到这只金表，于是他就定下赏金，让农场上的小孩帮忙到谷仓寻找，找到金表者，将会获得 500 元的赏金。这些农场的小孩子在重赏之下都开始卖力地四处翻找。成堆的谷粒以及散置的大批稻草占满了整个谷仓，要在这成堆的谷粒和稻草中找寻一只小小的金表，其实并不亚于在大海捞针。因此，孩子们忙到太阳快要下山了，仍一无所获，于是一个接着一个都放弃了500元的诱惑，回家吃饭去了。

有一个孩子，家境特别的贫穷，他穿着破烂的衣服，对于他而言，这500元赏金的意义太大了。这个孩子在其他孩子离开之后，仍然不死心地努力寻找着那只金表，希望能在天黑之前找到它，换得那笔巨额赏金。谷仓中慢慢变得越来越黑了，尽管这个孩子也很害怕，但仍不愿放弃，手依然在不停地摸索着寻找，突然间，他发现在人声静下来之后，出现了一个奇特的声音："滴答、滴答"，这个声音不停地响着，这个孩子立刻停下所有动作，谷仓内更安静了，这个滴答声也响得更加清晰。这个孩子就循着"滴答、滴答"的声音去寻找，终于，在这个偌大的、黑漆漆的谷仓中找到了那只名贵的金表。

由此可见，专注的人，往往是聪明的人，他们明白人的精力是有限，因此，他们总是专注一件事情，竭尽全力把有价值有潜力的事情做精，做大，做到独一无二，无人能够取代，这个时候不仅这件事情，连这个人都一同变得伟大起来。

专注体现的是做人处世的态度和风格，是一种素质，更是一种能力。因此，做人专注，就可以宾朋满座，一个宾朋满座的人怎能不令人敬佩，你能不羡慕这个人，你能说这个人不吸引人吗？他那满座的宾朋就是他的吸引力，就是具有气场最好的明证。做事专注，就可以硕果累累，成就一番伟业。

现实生活中，有激情、有才气、有毅力的人并不在少数，但是真正能持之以恒、专注于一个目标的人却并不多，所以大多数人往往无所建树，梦想就只能停留在梦想的界面而无法与现实接轨，于是这些人也就成为芸芸众生中普通的一员，与成功擦肩而过，所以要想成功，就要培养自己专注的品质。

第四章　逆境心理学

跨过去，就赢了

每一次的失败，都是成功的开始；每一次的考验，都有一份的收获；每一次的泪水，都有一次的醒悟；每一次的磨难，都有生命的财富。每一次的伤痛，都是成长的支柱。每一次的打击，都是坚强的后盾；活着必定要经历一些的挫折，而我们依然坚强战胜每一次的挫折。只要我们还活着就值得庆幸。

01　在绝望中寻找希望

新东方是一个顽强的企业,因为它有一个在"绝望"中积极寻找出路的顽强领导人——俞敏洪。

对于一个人来说,技术上的学习很容易学到,一个人如果闭门学习英语,只要两个月就可以有很大的提高。但是新东方之所以能够发展到今天的规模,除了全体老师高水平的教学,还有很重要的一点就是,"新东方"代表着一种精神,即从绝望中寻找希望。

——新东方校长俞敏洪

任何一个企业的成功都不是偶然的,在他们成功之前必然要经历艰难的蜕变,新东方也不例外。新东方创始人俞敏洪老师今日的成就是从昔日苦难、失败中锻炼出来的:高考数次落榜,他不气馁,复读时他还要务农,代课,终于在第三次高考一举考取北大西文系;毕业后,同学们纷纷出国,他却失败了几次;他沉寂了七年,在北大教书,也思考了七年。一九九一年,他勇敢地抛弃了工作,开始了艰辛的创业。几年后,新东方学校从"星星之火"发展到"燎原之势",俞敏洪获得了巨大成功。正所谓"岁寒知松柏",只有在绝境中不气馁、不沮丧,积极寻找出路的人才能超脱自己的命运。"我命由我不由天"不是每个人都能做到的。

有一个学生问他的智者老师:"我要怎样做才能成功呢?"老师不语,递给他一颗花生,"用力捏捏它。"

学生用力一捏,花生壳碎了,只留下花生果仁。

"再搓搓它。"智者说。

学生又照着做了，花生的红外衣被搓掉，只留下白白的果实。

"再用手捏它。"智者说。

果实破开成了两瓣。

"再用手搓搓它。"智者说。

学生用力地搓，两瓣果仁却再也没有发生变化。

"虽然屡遭挫折，却有一颗顽强的心，这就是成功的秘诀。"智者说。

确实，没有人能够打败一颗顽强的百折不挠的心，因为这颗心是被坚定的信念支撑着的，这种信念就是成功。

罗斯福在第一次竞选总统时就惨遭失败，随后他暂时退出政坛。不久，又因一场意外的遭遇而半身瘫痪。他瘫痪后相信自己还能成功，再次竞选时，当了总统，入住白宫。一个瘸腿人每天坐着轮椅，昂着头，挺着胸，信心百倍地去上班。他在首次就职演说中提出的那个"无所畏惧"的战斗口号。鼓舞了千千万万的听众，他说："我们唯一值得恐惧的就是恐惧本身。"

当时，美国弥漫着对经济危机的恐惧情绪。就在3月3日晚，美国32个州宣布无限期关闭银行。如果银行体系崩溃，几千万美国人毕生的积蓄将毁于一旦。愤怒的民众会选择什么样的方式发泄，谁也不能保证。

事实上，罗斯福已经遭遇到发泄的危险。2月15日，罗斯福在户外演讲时遭到刺杀。但幸运的事，罗斯福逃过了一劫，而芝加哥市长却受了重伤不治身亡。

随后，罗斯福采取了一系列果敢而紧急的行动使美国人民重树信心。包括《紧急银行法》《重建美国政府信用法案》《紧急救济法案》等法案的实施。两周以后，整个美国变了样，摆脱了冷漠和沮丧，开始充满活力。在纽约市小学生中进行的一项民意调查显示，罗斯福受欢迎的程度已经远远超过了上帝。一个坐在轮椅上的人，竟能够使美国迅速恢复活力，不能不说是一个奇迹。

在有这样一句话：假如你选择了天空，就不要渴望风和日丽。不断进取，顽强面对一切困难，努力克服它，战胜它，这是生存的法则。相反，逃避是懦夫的作为，最终只能带来更多的危机。

美国著名电台广播员莎莉·拉菲尔在她30多年职业生涯中，曾两次获得重要的主持人奖项。然而在这些重要奖项的背后，是她曾被辞退18次的经历。18次，这是一个谁听了都觉得不可思议的数字，但是莎莉每次都以一种顽强的心态去面对，确立更远大的目标。

在她求职之初，因为美国大部分的无线电台认为女性不能打动观众，没有一家电台愿意雇佣她。后来终于有一家纽约的电台愿意聘用她，但不久就以她的思想陈旧为由将她辞退了。莎莉并没有因此灰心，不久又向国家广播公司电台推销她的清谈节目构想。电台勉强答应录用，提出让她在政治台担任主持人。"我对政治了解不深，恐怕很难成功。"她当时对自己也不是很有信心，但顽强的心态促使她大胆地去尝试。对广播节目已经轻车熟路的她，再利用自己平易近人的作用，在7月4日这个举国欢庆的日子里大谈她自己的感受和见解，又邀请观众打电话来畅谈他们的感受。这种与听众互动的节目在当时并不多见，于是莎莉和她的节目一下子就出名了。对于自己的成功，莎莉总结说："我被人辞退过18次，本来可能被这些经历吓退，做不成我想做的事情，结果相反，我让它们把我变得越来越坚强，鞭策我勇往直前。"

海明威在《老人与海》这样写道："英雄可以被毁灭，但是不能被击败。"一个人的身体也许可以被打垮，但是顽强的精神和斗志是不会被打败的，在任何时候，面对失败，这种精神还会越挫越勇，直至从绝望中寻找到希望。

通往成功的道路不可能是风平浪静的，小风波大风浪是旅途中必然会经历的挫折，如果一个人缺少顽强的心态，就会把眼光拘泥于挫折所带来的痛感之上，承受不了打击，他就会陷于自怨自艾的泥淖里不能自拔，更不会考虑自己下一步该如何努力。而顽强的人则会吸取每次失败中的教训，为下一次成功做好准备。曾有位拳击运动员说："当你的左眼被打伤时，右眼就得睁得更大，这样才能够看清敌人，也才能够有机会还手。如果右眼同时闭上，那么不但右眼也要挨拳，恐怕命都难保！"拳击选手需要这样的顽强心态，生活也需要。人生其实也是一场又一场的拳击赛，只有以顽强的心态去面对的人，才能从一次次的失败中站起来，成为真正的英雄。

02　压力创造奇迹

压力是让人潜力爆发的催化剂，它给人一个向生命高地冲锋的机会，就像弹簧一样，压得越低，弹得越高。

在以激烈的社会竞争中，人们的生存也越发艰难。从这个角度来看，压力是可怕的。但从另一个角度来看，压力又是我们不断前进的动力。很多职场人面对工作压力都苦不堪言，却不知道压力也能催人奋发进取。

事实上，不要认为压力只有不良影响，应当转换认识，多去开发压力的有益之处。适当的压力和逆境能磨炼人，逼着你想出办法。被逼到山穷水尽的地步，却依然能够达成所愿，这也许就是卓越者和平庸者之间的区别吧。

有一天，某个农夫的一头驴子，不小心掉进一口枯井里，农夫绞尽脑汁想办法救出驴子，但几个小时过去了，驴子还是在井里痛苦地哀号着。最后，这位农夫决定放弃。他请来左邻右舍帮忙一起将井中的驴子埋了，得以免除它的痛苦。农夫的邻居们人手一把铲子，开始将泥土铲进枯井中。当这头驴子了解到自己的处境时，刚开始时哭得很凄惨。但出人意料的是，一会儿之后，这头驴子就安静下来了。

农夫好奇地探头往井底一看，出现在眼前的景象令他大吃一惊。当他们铲进井里的泥土落在驴子的背部时，驴子的反应令人称奇——它将泥土抖落在一旁，然后站到铲进的泥土堆上面！就这样，驴子将大家铲在它身上的泥土全数抖落在井底，然后再站上去。很快地，这只驴子便上升到了井口，然后在众人惊讶的表情中快步地跑开了！

在生命的旅程中，我们难免会陷入"枯井"里，会被各式各样的"泥沙"倾倒在身上，而想要从这些"枯井"中脱困的秘诀就是：抖落身上的"泥沙"，然后站到上面去。

刀按在脖子上，全身的神经都会紧张起来。于是，奇迹就在压力下产生了。

有一位经验丰富的老船长，当他的货轮卸货后在浩瀚的大海上返航时，突然遭到了可怕的风暴。水手们惊慌失措，老船长果断地命令水手们立刻打开货舱，往里面灌水。"船长是不是疯了，往船舱里灌水只会增加船的压力，使船下沉，这不是自寻死路吗？"一个年轻的水手嘟囔着。

看着船长严厉的脸色，水手们还是照做了。随着货舱里的水位越升越高，随着船一寸一寸地下沉，依旧猛烈的狂风巨浪对船的威胁却一点点地减少，货轮渐渐平稳了。

船长望着松了一口气的水手们说："上万吨的巨轮很少有被打翻的，被打翻的常常是根基轻的小船。船在负重的时候，是最安全的；空船时，则是最危险的。"

这就是"压力效应"。那些得过且过，没有一点压力，做一天和尚撞一天钟的人，像风暴中没有载货的船，往往一场人生的狂风巨浪便会把他们打翻。

压力，能使人在思想感情上受到多方撞击，从中感悟人生的真谛，从而自觉把握人生的走向。

曾经有一位中国留学生，刚到澳大利亚的时候，为了能够糊口，他替人放过羊、割过草、收过庄稼、洗过碗……只要能够有一口饭吃就行。

一天，他看见报纸上刊出了澳洲电讯公司的招聘启事，就选择了线路监控员的职位去应聘。过五关斩六将，眼看就要得到那个年薪3.5万澳元的职位了，不想，招聘主管却出人意料地问他："你有车吗？你会开车吗？我们这份工作时常外出，没有车寸步难行。"

澳大利亚公民普遍拥有私家车，无车者寥寥无几，可这位留学生初来乍到，又没有什么收入，当然还属于无车族。然而，为了得到这个极具诱惑力的工作，他不假思索就回答："有！我会开车！"

"那么4天后，请开着你的车来上班。"主管说。

4天之内，想要买车、学车谈何容易！但为了生存，他豁出去了。他在朋友那里借了500澳元,从旧车市场买来一辆外表丑陋的"甲壳虫"。第一天,他跟朋友学了简单的驾驶技术;第二天,在朋友屋后的那块大草坪上模拟练习;第三天,歪歪斜斜地开着车上了公路;第四天,他居然自己驾车去公司报了到。

时至今日,他早已是"澳洲电讯"的业务主管了。

这位留学生的专业水平如何,我们无从知晓,但他的胆识确实令人佩服。如果他当初畏首畏尾,遇到困难就放弃,绝不会有现今的成就。关键时刻,他毅然斩断了自己的退路,把自己置身于命运的悬崖绝壁之上。正是面临这种后无退路的境地,人才会集中精力、拼命向前,去赢得属于自己的位置。

在社会压力,工作节奏越发紧凑的今天,当我们把工作当作谋生手段、实现自我价值的同时,更要重视精神上的生活——崇尚身心健康,学会化解过重的工作压力,化压力为动力,快乐生活,快乐工作。

03　培养破釜沉舟的勇气

曾在网上看过这样一个视频,在广西的偏僻乡村,有一个高耸入云的峭壁,在峭壁之巅生活着千万只神秘的蝙蝠。这群蝙蝠每年九月份离开这里,消失得无影无踪;第二年的四月份又神奇地出现。据说它们在这里已经生活了几十年;有人做过简单估测,这个神秘蝙蝠王国的数量竟然跟上海市的人口一样,有两千多万。看到这里,读者不禁要问,这么多蝙蝠都到哪去了呢?

看了下面的对话你就该知道了。

有一个小孩子,看见一只蝙蝠掉在地上,挣扎了好大一会儿也没有飞起来,心里就开始纳闷儿了:奇怪呀,蝙蝠是非常灵巧的动物,怎么落到地上之后就飞不起来了呢?带着这个疑惑,小孩子去找父亲。父亲把他带到了一个山洞里面。只见山洞的洞顶和洞壁倒悬着无数的蝙蝠,就是没有一只栖落在地面上的。见小孩子一副不解的样子,父亲就说:"这是蝙蝠在给自己一片危崖。"

"蝙蝠为什么要给自己一片危崖呢?"小孩子还是不解,"它这样做岂不是让自己每时每刻都处在危险中了呢?"父亲笑着告诉他:"蝙蝠一旦脱离了攀附的洞壁,就会直接摔掉在地上。为了避免坠落而亡,蝙蝠只有尽全力地扑打着翅膀,努力使自己向上、再向上。所以我们才看到了灵巧飞翔的蝙蝠……""可是,为什么蝙蝠掉到地上之后,就再也飞不起来了呢?"父亲接着解释道:"蝙蝠一旦掉在了地上,就再也没有悬挂在洞壁时那种'生的危险,死的威胁'的感受了。没有这种生死攸关的感受,蝙蝠也就不可能再尽全力地去飞了,而正是因为没有尽全力地去飞,才使得它也永远飞不起来了!"

也就这个原因,造就了悬崖峭壁上的蝙蝠王国。很多时候,一个处于困境中的人往往比那些已经取得温饱的人更有作为。主动地给自己制造危机,自断退路，从某种意义上来说，正是给自己一个向生命高地发起冲锋的机会。当一个人面临后无退路的境地，人才会集中精力奋勇向前，从生活中争到属于自己的位置。

所以，很多时候，当一个人退无可退的时候，才能闯出命运给他设置的藩篱。

新希望集团总裁刘永好，曾是四川省机械厅干部学校讲师。后来，他与几位兄弟主动辞去公职，卖掉自己的自行车、手表等一切值钱的东西，凑足1000元人民币，到川西农村创业，办起良种场。

万事开头难，刘氏兄弟的第一笔生意差点就让良种场夭折。当时，资阳县一个专业户向他们预订了10万只良种鸡。种种原因，对方后来只要了2万只。剩下的8万只鸡怎么办？打听到成都有市场后，他们连夜动手编竹筐，此后每日凌晨4点就开始动身，先蹬3个小时自行车，赶到20公里以外的集市，再用土喇叭扯起嗓子叫卖。等几千只鸡卖完，拖着疲惫的身子蹬车回家时，早已是月朗星疏了。这样，十几天下来，四兄弟个个掉了十几斤肉，但所幸的是8万只鸡总算全脱手了。

回顾这段经历，刘永好说，为了创业我投下了一切赌注，如果干不下去，我的公职、财产将一无所有，所以再苦再难，也要往前走。无论多艰辛，压力多大的事儿，只要沉下心来去做了，这一关就总能挺过来。

人有时最难突破的，就是自身的局限性。很多人虽然也有远大的理想，很想迈开脚步大干一场，可是又不舍得抛开自己现有的温饱的保障，总在瞻前顾后。他们的这种"稳健"的作风，也正是他们平庸的根源。

一天，拿破仑骑着马正在穿越一片树林，忽然，他听到一阵呼救声。于是他扬鞭策马，来到湖边。看见一个士兵一边在湖里拼命挣扎，一边却向深水里漂去。岸边的几个士兵慌做一团，因为水性都不好，眼看着这位士兵有溺水的可能，却都不知道该怎么办。

拿破仑问旁边的那几个士兵："他会游泳吗？"

"只能扑腾几下！"

拿破仑立刻从侍卫手中拿过一支枪，朝落水的士兵大喊："赶紧给我游回来，不然我就毙了你！"说完，朝那人的前方开了两枪。

落水的士兵听出是拿破仑的声音，又听说拿破仑要枪毙他，便使出浑身的力气，猛地转身，扑通扑通地游了回来。

拿破仑对那位落水的士兵说"毙了你"，让他陷入绝境，不得不使出全部力量和智能，自救成功。这就是心理学上所说的"急中生智"。

一般来说，在意料之外的紧急情况下，人都会产生极度紧张的情绪，心理学上把这叫作应激。当情绪处于高度应激状态时，人的激活水平快速发生变化，表现为心率、血压、肌肉紧张度发生显著的变化，大脑皮层的某些区域高度兴奋。

在这种情况下，人们可能急中生智，表现出平时没有的智力或能力，做出平时不能作出的勇敢行为，发挥出巨大的潜能，促使事情发生意想不到的转变。事实上，有一个简单的方法可以给自己设置一个无伤大雅的"绝境"，那就是在众人面前说出自己的目标。无论什么事，想要达成目标的最好方法，就是在众人面前宣布自己的目标。心理学家把这称为"宣布效果"。因为一旦在他人面前宣布了目标，失败的话就会很丢脸，所以只能以十足干劲全力以赴。如果想要提高成功率，就要向越多的人宣布，如此效果才会更好。

美国运动员贝比·鲁斯被称为职业棒球全垒打王。在一次比赛中，他手指着中心方向说："我要对那个方向打出全垒打。"果然，随后就向他手指的地方击出了一支漂亮的全垒打。后来，贝比·鲁斯对记者说，其实他在那一刻并没有百分之百的信心，而是利用向众有宣布来弥补自信之不足，实现了打击全垒打的愿望。

古人曾说："置之死地而后生。"山穷水尽的背水一战，应该是人生的必修课程，而那种时时都给自己留有退路的生存方式，看似安泰其实却充满潜在危机。因为有退路的人可以随时回避艰险，所以很难保证他前进的决心有多大。"狭路相逢勇者胜"，面对竞争，抱着随时撤退想法的人，在气势上已先输了一阵，最终也难逃随波逐流、混一口粗茶淡饭的格局。

04 要有危机意识

曾看过一则"狐假虎威"的续集。

故事是这样的：

当狐狸再次遇到老虎，被老虎一把抓住了。老虎面目狰狞地说："上次你狐假虎威，害得我在百兽面前丢尽了面子，看我今天吃了你不可。"狐狸一听这话，吓坏了。可是它眼睛骨碌一转，就想出个坏主意。

狐狸对老虎说："大王大王，你看我这么小，你吃了我也不够饱，再说我身上还有狐臭。所以您就高抬贵手放了我吧，我可以带您去找梅花鹿和野狼，他们肉多又香，能让你填饱肚子呢。"

老虎想了想说："如果你再骗我，我就把你打成肉饼！"

狐狸急忙说："不敢，不敢。"

于是狐狸就在前面带路，老虎在后面跟着，它们走没几步就到了野狼家，狐狸轻轻地敲了几下门，野狼一开门见是狐狸，连忙打招呼："狐狸兄弟，你今天怎么有空来看我？"狐狸说："对不起了，野狼大哥，我为了活命而背叛了你。"老虎急忙站出来说："这会我可以填饱肚子了。"于是野狼后退两步，摆出了一副拼命的架势，老虎一看想：今天，我吃了它一定能吃得了，但看看蛇的那么锋利的牙齿，肯定要被它咬上两口，那可要痛上两三个月呀！不合算！于是便对狼说："你小子好运，今天我不想吃你，可不要让我再碰见你！"转身又对狐狸说："走，带我去找梅花鹿。"

它们又大摇大摆地来到梅花鹿家，因为梅花鹿对危险毫不防备，所以成了老虎的美味午餐了！就这样，狐狸靠狡猾活了下来，狼靠它的牙齿活了下来。而可怜的梅花鹿，因为缺乏危机意识，又被朋友出卖，不幸葬身虎口。

这个故事告诉我们，一个人除了要有保护自己的能力，还要有居安思危的觉悟。

物理学上有个实验：斜坡上端的小球，往下滑不费力，且越滑越快；而往上推，则要克服重力。"上坡"就是消耗一定能量，上升到一定高度，同时也蓄积了一定的势能。势能也可转变为动能，一旦释放就成为物理学中的"下坡"。

人生的"上坡"和"下坡"也是这样。当一个人在不懈努力向上攀登的时候，当我们在艰难环境中力求上进的时候，就是正在"上坡"。但是，如果我们费了半天劲攀登上去的坡，一不小心，可能一下子就滑下来，就是"下坡容易，上坡难。"

和德的创始人毕福君，20世纪80年代初在部队服役时开始承包养虾场，后来做虾产品加工和出口，再做饲料鱼粉进口生意。十年后，毕福君有了1000万的原始积累。

接下来，毕福君继续做虾和鱼粉生意，几年下来，天时地利人和，到1993年，他就有了3个亿的资产。

接着是扩张鱼粉生意，以低价打开市场，又是几年下来，竟做成了"饲料大亨"，销量每年都以将近一倍的速度翻升。到1998年，和德已经成为世界上公司进出口鱼粉贸易量最大的企业，在国内饲料的销售中所占的份额也达到了85%的垄断地位。

此时，他的资产达到30个亿。

和德在最鼎盛的时期曾经一个月就到账3.6亿元的现金汇票，全年的现金流量达到几十个亿，用他们自己的话来说，最发愁的事情是每天这么多的钱存在哪里。

钱多了就不再是钱，必须投资。当时投资的热点是高科技，高科技是时代的最大机遇。

从1996年开始，毕福君开始接触网络，言必称网络，开口就是比尔·盖茨。不久机会来了，毕福君想尽种种办法接触到国嘉实业，1997年11月和德集团斥资1个多亿，以第一大股东的身份入主国嘉实业。借壳上市，梦想成真，一个传统的饲料进出口企业，摇身一变，成了高科技信息产业，全面向互联网技术开发和电子商务进军。

遗憾的是，高科技的概念虽然时髦，但任何生意的实质都是要赚钱的，毕福君并没有从高科技身上找到赚钱的路子。

钱虽然没赚到，开支却剧增，既然做了高科技，就要像个高科技，没有形象是不行了。公司搬到了北京最昂贵的地段王府井，新东安大厦一租就是5000平方米。高薪招聘，广告轰炸，凡是当时流行的烧钱方法，他都试了，结果都是赔钱买吆喝。

赚钱还得靠鱼粉，而此时的鱼粉已不是重要的事情，心不在焉，自然每况愈下，赚来的一点利润远远不够填补"高科技"的亏空。屡屡从"鱼粉"抽血，最后终于是连鱼粉生意本身也难以为继。和德彻底的垮掉了。

从白手起家到1000万，毕福君花了近十年；从1000万到3个亿花了三四年；从3个亿到30个亿，仅仅用了四五年。然而，从30个亿到一文不值，其间只有二三年！

常听人说，有多少钱，就过多少钱的生活。富人可以乘私人飞机去黄山看山，穷人坐火车去，看到的还是黄山。说到底都是一样的过活，何必打肿脸充胖子。不如居安思危，一步步走好踏稳再前进。

那么，在工作中，我们该如何应付可能出现的危机呢？

因为在面对危机时，许多情况是无法明确的，在时间非常紧迫的情况下，若不顾原则进行处理，往往会使事情变得更糟。以下是处理危机的有效原则：立场要客观，要避免使用利己的语言；不要低估客户和公众的情绪；不要只想到眼前利益；承认错误，请求谅解；把顾客的利益放在第一位。这些原则能够帮助你在处理危机的时候条理清晰。

《孟子》中说："人恒过，然后能改；困于心，衡于虑，而后作；征于色，发于声，而后喻。入则无法家拂士，出则无敌国外患者，国恒亡。然后知生于忧患，而死于安乐也。"《左传》中也说："居安思危，思则有备，有备无患。""居安思危，未雨绸缪"。一个人没有危机意识，很可能会遭遇"杀机"。要时刻提醒自己的是，昨天的辉煌并不意味着今天的成功，人最好的时候可能是最不好的开始。美国未来学家阿尔文·托夫勒认为："生存的第一定律是：没有什么比昨天的成功更加危险"。因此，我们不能陶醉于以往的成功经验，必须永远保持"如履薄冰"的危机意识，不满足现状，持续不断地挑战自我，向更高的目标迈进。

05　自助者，天助之

古人云，谋事在人，成事在天。又有人说，自助者，天助之。撇开这两者是否矛盾暂且不说，这两句古语都说明一件事，那就是人首先要"自助"，才能得到苍天厚爱。

一个人在屋檐下躲雨。看见一个和尚正打伞走过，这个人对和尚说："大师，普度一下众生吧，带我一段如何？"和尚说："我在雨里，你在檐下，而檐下无雨，你不需要我度。"这个人立刻跳出檐下，站在雨中："现在我也在雨中了，该度我了吧？"和尚说："我在雨中，你也在雨中。我没有被雨淋，是因为我有伞。而你被雨淋了，是因为无伞。所以说，不是我度自己，而是伞在度我。因此，你也不必找我，请自找伞！"说完便走了。

有人说，此间和尚虽然修佛，却没有普度众生。借伞也是顺手，却不愿行之。也有人说，和尚这是在度人，非度身，而度心也。他言传身教地告诉借伞人，靠人不如靠己。

有一个穷人为农场主做事。有一次，穷人在擦桌子时不小心碰碎了农场主一只十分珍贵的花瓶。

农场主向穷人索赔，穷人哪里能赔得起。最后被逼无奈，只好去教堂向神父讨主意。神父说："听说有一种能将破碎的花瓶粘起来的技术，你不如去学这种技术，只要将农场主的花瓶粘得完好如初，不就可以了吗？"

穷人听了直摇头，说："哪里会有这样神奇的技术？将一个破花瓶粘得完好如初，这是不可能的。"神父说："这样吧，教堂后面有个石壁，上帝就待在那里，只要你对着石壁大声说话，上帝就会答应你的。"

于是，穷人来到石壁前，对石壁说："上帝请您帮助我，只要您帮助我，我相信我能将花瓶粘好。"话音刚落，上帝就回答了他："能将花瓶粘好，能将花瓶粘好……"

穷人听后希望倍增、信心百倍，于是辞别神父，去学粘花瓶的技术去了。

一年以后，这个穷人通过认真地学习和不懈地努力，终于掌握了将破花瓶粘得天衣无缝的本领。他真的将那只破花瓶粘得像没破碎时一般，还给了农场主。所以他要感谢上帝。神父将他领到了那座石壁前，笑着说："你不用感谢上帝，你要感谢就感谢你自己。其实这里根本就没有上帝，这块石壁只不过是块回音壁，你所听到的上帝的声音，其实就是你自己的声音。你就是你自己的上帝。"

在深处困境时，要记住，没有人能解救你，除了自己拯救自己。其实每个人都有拯救自己的能力，许多人走不出人生或大或小的各种阴影，是因为他们没有耐心找准一个方向坚持走下去，直到眼前出现新的洞天。

拥有数十亿元资产的俞敏洪是新东方教育集团的创始人。1980年，经过两次高考落榜后，俞敏洪考入北京大学外语系，在北大读书，俞敏洪不会吹拉弹唱，不会说普通话，他经常得到的就是老师和同学"白眼"。英语老师评价俞敏洪说："只能听懂俞敏洪三个字，鹦鹉都不如。"这些刺耳的话语令他刻骨铭心。之后，他一天十几个小时地狂听狂背，创纪录地熟练掌握了8万个英语单词。

1984年，俞敏洪留校当了教师，却依然被北大边缘化。六七年之后，为了赚取出国学费，俞敏洪就到校外的民办外语培训机构教课，被北大发现后受到了严肃的通报批评。他愤然辞职开始了新东方创业历程。之初，他租用中关村二小的一个小平房，俞敏洪自己拎着糨糊桶，不得不在零下十几摄氏度的冬夜到处张贴招生广告。1995年，新东方急速膨胀发展起来，拓展了业务领域，完成了向现代公司的转变。到年底时，在校学生数已经达到千人的规模。

据公开资料统计，现在每年有近1000万人在接受着新东方的英语培训。2005年9月7日，新东方成功登陆纽约证券交易所，发售了750万股美国存托凭证，一举融资额为1.125亿美元。新东方成了第一家在海外上市的中国教育培训公司，俞敏洪成了有史以来中国最富有的教师。

  俞敏洪的成功是"自助"的结果。其坎坷不平的人生道路造就了俞敏洪不屈不挠的性格，造就了俞敏洪踏实前行的人生之路。他的经历告诉我们，人生路上没有轻易出现的奇迹，当困难来临时，我们没有必要畏缩自卑，更没有必要怨天尤人，只有用坚强的意志和刚毅的态度对待磨难，用豁达的心态对待生活，就会多一些希望，多几分幸福。

  慕容雪村在《天堂在左，深圳向右》说的一句话让人印象深刻：亿万富豪横尸街头，浪荡公子遁入空门，老实人空守着一去不回的惊艳岁月……这个世界上每天都在发生着数不清的变化，命运随时都可能跟你开一个小小的玩笑，而你却将在这世间将经历狂风浪涌。而要改变自己的命运，唯有求助于自己。别人有别人的劫难要度，纵是有那么一两个所谓知己全力相帮，也要首先要求自己有向上的决心和毅力。只有做勇敢的弄潮儿，才能真正拥有自己的人生，才能真正驾驭自己的命运。

06　危机也是机会

说到"危机"一词，很少有人由其中的"机"联想到"机会"的"机"上。

第一次用到这个创意的解释，是哈佛大学的第 23 任校长科南特。当时，科南特正在做一次演讲，向学生介绍中国对"危机"一词所做的古老定义。科南特认为，美国人有必要向中国学习，中国的"危机"一词中既包含了"机会"的"机"字。从字面上看，中国的"危机"的真正意思就是说："在危险之上的机会。"想要应付生活上的变化，在生活上获取成功，最好的方法就是把危机看成是机会，把阻挡在路上的绊脚石当作起跑的踏脚石。

历史上有很多这样的例子：辛普森小时候腿上要套上矫正器，才能走到旧金山街上；贝多芬耳失聪；大文豪弥尔顿是盲人……

当人生的危机来临时，积极的心态是一个人战胜一切艰难困苦，走向成功的推进器。积极的心态，能够激发我们自身的所有聪明才智；而消极的心态，就像蛛网缠住昆虫的翅膀、脚足一样，束缚着人们才华的光辉。

詹姆士·杨原是新墨西哥州高原上经营果园的果农。每年他都把成箱的苹果以邮递的方式零售给顾客。一年冬天，新墨西哥州高原下了一场罕见的大冰雹，眼看着一个个色彩鲜艳的大苹果变得疤痕累累，詹姆士心痛极了。

"冒退货的危险呢，还是干脆退还定金？"他越想越懊恼，歇斯底里地抓起受伤的苹果就拼命地咬。忽然，他的动作停顿了，他发觉这苹果比以往更甜、更脆、汁多、味美，但外表的确难看。

第二天，他开始实施自己的想法了。他把苹果装好箱，并在每一个箱子里附上一张纸条，上面这样写着："这次奉上的苹果，表皮上虽然有点伤，但请不要介意，那是冰雹造成的伤痕，是真正的高原上生产的证据。在高原，气温往往骤降，因此苹果的肉质较平时结实，而且还产生了一种风味独特的果糖。"

在好奇心的驱使下，顾客都迫不及待地拿起苹果，想尝尝味道，"恩，好极了！高原苹果的味道原来是这样的！"顾客们交口称赞。这一奇妙的创意不仅挽救了陷入绝境的詹姆士，而且还为他赢得了大量专为此种苹果而来的订单。

从前，有两位住在乡下的陶瓷艺人，一位叫鲍勃，另一位叫艾克。他们听说城里人喜欢用陶罐，于是便决定将自己烧制的最好的陶罐卖到城里去。经过十多年的反复试验，他们终于烧制出了他们认为最好的陶罐。他们幻想着，整个城市的人马上就能用上他们的陶罐，而他们也能因此过上富裕的生活时，他们便兴奋不已，于是他们雇了一艘轮船，准备将所有陶罐都运到城里去。

没想到，轮船中途遇到了强烈风暴，等风暴过后，轮船靠岸，陶罐却全部成了碎片。他们的富翁梦也随着陶罐一起破碎了。鲍勃提议，先去酒店住上一晚，来一趟城里不容易，不如休息一晚后，明天再在城里四处走走，好好见识一下。而艾克则捶胸顿足地痛哭了一番后，问鲍勃："你还有心思去城里四处走走，难道你就不心疼我们辛辛苦苦烧出来的那些陶罐？"鲍勃心平气和地说："我们失去了那些陶罐，本来就够不幸的了，现在，如果我们还因此而不快乐，那不是更加不幸？"

艾克觉得吉姆的话有道理，于是跟着鲍勃去城里好好地玩了几天。他们意外地发现，城里人用来装饰墙面的东西很像他们烧制陶罐的材料。于是，他们索性将那些陶罐的碎片全部砸碎，做成马赛克出售给城里的建筑商。结果鲍勃和艾克不但没有因为陶罐的破碎而亏本，反而因为出售马赛克而大赚了一笔。

由此可见，在危机中，我们应该学会给自己创造机会，发掘自己的潜意识以突破困境。潜意识常常是人们解决问题的助手，当人的意识全神贯注于某一问题时，潜意识在暗中相助。一个人在遭遇危机，身陷困境时，应学会有意识地去进行潜意识思考，帮助解决关键问题，突破困境。阿基米德能够在洗澡时抓住"身体使水漫出浴盆"这一机遇而使"王冠问题"迎刃而解，是因为他的意识全神贯注于问题，潜意识才会从暗中相助。

由潜意识带来的创意可能在短时间内出现，也可能在较长时间后才出现，坚持进行以下的训练，并且养成习惯，能帮助我们增强运用潜意识解决关键问题的能力：

1. 视觉化训练。

选出自己最近一直思考想要解决的一个问题，每天清晨起来，将这个问题白纸黑字写多遍。在等待有创意性解决方案出现的过程中，注意准备好纸笔，随时记录下头脑中有关解决这个问题的"一闪念"现象，并及时加以整理、加工。

2. 反复自我暗示训练。

选出自己最近一直思考想要解决的一个问题，在进行思考、实验或工作过程中，不断地告诉自己："我一定能找到有创意的答案！我一定会获得圆满成功！"

3. 放松冥想训练。

人在放松的时候潜意识往往自然浮现出来，任何信息在这个时候都非常容易进入潜意识。对最近一直思考想要解决的问题，在每天清晨写多遍和工作中进行专心致志思考的基础上，让自己放松放松，或是爬山、散步，或是参加休闲娱乐活动，或是蒙头睡觉，让思维自由驰骋，同时保持警觉，捕捉随时可能浮现的潜意识带来的创意答案。

4. 为潜意识信息库储存信息训练。

对与想要解决的问题有关的资料、信息、照片、公式、图纸等等，试以跃动的图形、影响、印象、声音、色彩、味觉、触觉、立体感、情绪、情感、想象等非语言形式去思考、去联想、去记忆。思考问题时，让这些形象信息跃动起来，自由碰撞。

5. 平时应多做一些锻炼右脑的运动。

有关研究结果证明，脑中所储存的信息绝大部分是储存在右脑中，并在右脑中正确地加以记忆。右脑由于图像、想象、直觉等功能，储存了数量相当可观的信息量，储存能力是左脑的百万倍。潜意识的高级形式是潜思维，主要发起者是右脑，应当学会用右脑来学习、来记忆。因此，平时应多做一些锻炼右脑的运动，例如，多听听音乐、多看一些展览、多做一些趣味性的活动等，能更有效地驱动潜思维。

这样不断地练习驱动自己的潜力，开发自己的大脑，能让危机转变为机会的潜力更大。

当危机来临时，不要怨天尤人，能够将危机转换为绝望中的机会的，才是成功者应有的态度。很多时候，看似山穷水尽，只要调换一下思维，就会柳暗花明，危险就变为机会。

07 逆境中要学会忍耐

俗话说，忍字头上一把刀。忍耐是痛苦的，然而忍耐的结果是值得的。

新东方总裁俞敏洪讲过一个关于捡砖头的故事。俞敏洪的父亲是个木工，常帮别人建房子，每次建完房子，他都会把别人废弃不要的碎砖瓦捡回来，有时候父亲在路上走，看见路边有砖头或石块，他也会捡起来放在篮子里带回家。

久而久之，家里的院子就多出了一个乱七八糟的砖头碎瓦堆。直到有一天，俞敏洪的父亲在院子一角的小空地上开始左右测量，开沟挖槽，和泥砌墙，用那堆乱砖左拼右凑，建成了一个让全村人都羡慕的院子和猪舍。

当时俞敏洪觉得父亲一个人就盖了一间房子，很了不起。长大后，俞敏洪才从一块砖头到一堆砖头，最后变成一间小房子中体悟到做成一件事情的全部奥秘。

"一块砖没有什么用，一堆砖也没有什么用，如果你心中没有一个造房子的梦想，拥有天下所有的砖头也是一堆废物；但如果只有造房子的梦想，而没有砖头，梦想也无法实现。"家里穷得揭不开锅的时候，要不急不躁，学会忍耐，要积攒足够多的砖头来造心中的房子，捡砖头的精神后来就成为俞敏洪做事的指导思想。

学子吉姆斯是美国一家知名广告公司的总裁。在一次面对新生的演讲会上，吉姆斯这样告诫大家："在困境中，要懂得忍耐，注重积累，看似折磨、煎熬你的环境，却总能历练出最后的强者。"

吉姆斯讲了自己的一次亲身经历：

从大学毕业后，吉姆斯在一场招聘会上很走运地被一家石油公司看中。

随即被总公司分配到一个海上油田工作。

工作的第一天，工头便要求他，要在限定时间内登上几十米高的钻井架，并将一个包装好的漂亮盒子，送到最顶层的主管手中。他拿着盒子，迅速登上又高又窄的舷梯。当他气喘吁吁地登上顶层后，只见主管在盒子上签了自己的名字，又让他送回去给工头。他一接到命令，连忙又快速地跑下舷梯，并把盒子交给工头。但是，没想到工头草草签完名字之后，又原封不动地交给他，要求他再送回去给顶层的主管。年轻人看了看工头，却又不知道要如何发问，只得乖乖地跑上顶层。然而，主管这回同样只在盒子上签名而已，便又要他送回去。

年轻人就这样来来回回，莫名其妙地上下跑了两次，心里隐约感觉到，这一切似乎是主管与工头故意刁难他。直到第三次，这个全身都被海水溅湿的年轻人，内心已经充满熊熊怒火，不过他仍然强忍着怒气。当他第三次将盒子送来给主管时，主管则说："把它打开。"年轻人将盒子拆开后，里头居然是一罐咖啡与一罐奶精，这会儿他更可以确定，这是主管与工头联合起来欺负他。他愤怒地看着主管，但是主管仿佛一点也没感觉似的，接着又对他说："去冲杯咖啡吧！"这个命令一下，年轻人再也忍不住了，用力把盒子摔到海面上，气愤地说："我不干了！"说完之后，他感觉痛快许多，因为一肚子的怒火全部发泄出来了！但是，主管却失望地摇了摇头，并对他说："孩子，你知道刚刚这一切，其实是一种训练啊！那叫作承受极限的训练，因为我们每天都在海上作业，随时都可能会遇到危险，因此，工作人员都必须要有极强的承受力，才有办法完成海上的作业与任务。"

主管叹了口气说："唉！原本你前面三次都通过了，就差那么一点点，你无缘喝到自己冲泡的好咖啡，真是可惜！现在，你可以走了。"

这件事给了吉姆斯很深刻的教训。很多年以后，吉姆斯仍然很感谢那次经历，让他学会了忍耐和积累，才得以在商海中脱颖而出。

《孟子》有云"故天将降大任于斯人也，必先苦其心志，劳其筋骨，饿其体肤，空乏其身，行拂乱其所为，所以动心忍性，曾益其所不能……"忍耐不是软弱无能善恶不分随波逐流，而是因为你看得更远，有更大的追求。忍耐是一种承担、一种处理、一种等候。许多事业有成者都在忍耐多次失败后，愈挫愈勇，最后才取得成功。

每个人都在向往一帆风顺，可是现实的人生是曲折的，所谓的一帆风顺只能是心灵的一种慰藉。我们要想成为命运的主人，唯有奋斗不息，而在这一步步的努力中，你必须学会忍耐。

第五章　交际心理学

做人见人爱的"交际花"

交往，是一种心灵的沟通，彼此相熟相知，不受任何利益驱动，这种交往，方能终身。

01 尊重是一种美德

尊重他人是中华民族的传统美德，也是现代礼仪中最基础最重要的一项原则。从心理学角度上分析，人都有友爱和受人尊重的心理要求，人人都渴望平等地成为家庭和社会中真正的一员。任何不尊重他人的行为，例如抬高自己和贬低别人的不尊重人的语言和行为，都不利于建立和谐的人际关系。并且，尊重别人是一种心态，一种习惯和修养，所以，不要根据别人是否尊重你或尊重你几分来决定你对别人尊重多少，而是发自内心地去尊重别人。

很多年以前，美国某大学校长曾经因为对人的不够尊重，而付出了很大的代价。

有一天，一对老夫妇来拜访大学的校长。女士穿着一套褪色的条纹棉布衣服，男的穿的是布制的便宜西服。校长的秘书一看就断定，这两个乡下人根本就不可能与有什么业务往来。男士轻声说："我们要见校长。"秘书很有礼貌地回答："实在对不起，他整天都很忙！"女士说，"这没关系，我们可以等。"过了几个钟头，他们一直等在那里。秘书只好通知校长，校长十分不耐烦地同意接见他们。见面后，那位女士告诉校长："我们有一个儿子曾经在读过一年书，他很喜欢，他在的生活很快乐。但是在去年，他因意外事故不幸去世。我丈夫和我很想在校园内为他留一纪念物。"对此，校长并没有被感动，反而觉得他们提的要求很可笑，便不客气地说："夫人，我们是不能为每一位在读过书的人在他死后都立雕像的。如若那样，我们的校园看起来就会像墓地一样。"

女士说："不是，我们不是要竖立一座雕像，而是想为建一栋大楼。"校长仔细看了一下他们的装束后长出了一口气说："你们知不知道建一座大楼要花多少钱？我们学校的每栋建筑物的造价都要超过750万美元。"这时，那位女士不讲话了。校长很高兴，以为这总算可以把他们打发了。那位女士转向其丈夫说："只要750万美元就可以建成一座大楼，那我们为什么不建一所大学来纪念我们的儿子呢？"随后，斯坦福夫妇离开了，到了加州，建造了斯坦福大学以纪念他们的儿子。

人与人之间的交往，贵在互相尊重，切忌"以貌取人"。俗谚云："不知道哪片云彩有雨"。的确，校长的教训，是应该深深记取的。

萧伯纳是英国著名的戏剧家、诺贝尔文学奖获得者，有一次他去苏联访问，在莫斯科街头散步时见到一个非常可爱的小女孩。萧伯纳陪着这个小女孩玩了很久，分手时，他对小女孩说："回去告诉你的妈妈，你今天和伟大的萧伯纳一起玩了。"没想到，小女孩也学着大人的口气说："回去告诉你的妈妈，你今天和苏联女孩儿安妮娜一起玩了。"萧伯纳很吃惊，同时也立刻意识到自己的傲慢，立刻向小女孩儿道歉。萧伯纳的这一行为到如今还被广为流传，也使他获得了更多人的尊敬。

罗斯福竞选总统时，他的得力助手吉姆不仅不辞辛劳地搭乘火车，穿梭往来于西部各州，亲切地与当地人民寒暄、交谈，为罗斯福拉票。每到一地，他都保持亲民的作风，与当地人集会、共餐，并宣传罗斯福总统的政见，与群众进行最亲切的沟通。返回东岸后，他立即让部下列出所有与会人士的姓名、住址，集成一本多达数万人的名册，吉姆按照名单一一给他们写信。并在信件一开始，即亲切地直呼对方的名字：如"亲爱的比尔""亲爱的约瑟"等等，信尾更不忘写下自己的名字"吉姆"。就因为吉姆懂得尊重别人，选民们因为他而对罗斯福产生好感，将宝贵的一票投给了罗斯福。

下面是一则真实的故事。

一个纽约商人在街上看到一个衣衫褴褛的铅笔推销员，出于怜悯，他塞给那人一元钱。但是走过了几步，他又返回来取了几支铅笔，并抱歉地解释自己忘记拿笔了，然后他意味深长地对那个推销员说："你跟我都是商人，你也有东西要卖。"差不多一年后，他们再次相遇，商人发现那个铅笔推销员已成为推销商,他充满感激地对纽约商人说:"谢谢您,您给了我自尊,是您告诉了我,我是个商人。"

不仅要在行为上帮助别人,还应该考虑对方的自尊心,尊重对方。尊重他人可以让失望的人们看到光明,让自卑的人们找到自信,甚至可以因此而改变一个人的一生。

尊重他人的人,往往能够被更多的人记住,也会得到更多人的帮助。

那么,我们该如何尊重他人呢?

1. 尊重他人的隐私。

在与人交谈的过程中,应尽量避免涉及个人隐私的话题,当不小心谈到以下内容时,应立刻转移话题。

①年龄。特别是问女性的年龄时,可能会引起对方的反感。

②收入。因为每个人的收入都与其地位和能力有关,所以关于收入的话题是一个很敏感的话题,尽量不谈或少谈为妙。

2. 不开过分的玩笑。

朋友间偶尔开玩笑活跃气氛是很正常的事,但是,玩笑应该适度,否则,很有可能会适得其反,引起不良后果。应该如何把握开玩笑的度呢?

①根据说话的对象来确定。一般性格开朗,宽容大度的人,可以适当地多开玩笑,对于保守谨慎的人,开玩笑就要小心为宜。

②根据对方的情绪来确定。在不同的时间里,同一个人会有不同的心境和情绪,当对方情绪处于低落状态时,最好不要随便开玩笑,可能会被误会为幸灾乐祸。如果对方心情舒畅,开玩笑就没有那么多顾忌了。

③根据说话的场合和环境来确定。一般安静和庄重的场合都不适合开玩笑。

3. 不随便发脾气。

从某个意义上讲,不加掩饰,直接表露或宣泄是无能、自私的错误表现,它只会恶化事端,使得大家都不愉快,所以,发脾气是不尊重他人的表现,是与他人愉快沟通交流的一大障碍。这样只会伤了双方的和气,使自己失去朋友。并且,人发怒的时候,面孔会扭曲,这在别人的眼里是缺乏修养的表现。

02　平等待人

当今社会，基本上所有高校都开设了人文学科。你知道为什么吗？鲁登斯坦校长的话可以告诉我们原因："为什么要教授六十多种语言和许多异国文化和文明的成就呢？就因为假如大学不能这样做，我们就会渐渐忘记了人类文化的多样性和丰富性，我们就会失去一个巨大的人文科学宝库，而那个宝库是我们要理解人究竟是什么所必需的。"人本无三六九等，人人平等的观念在美国社会根深蒂固。能容忍他人，这是平等的基础，也是素质教育的一个表现。

在街角的转弯处，两个人无意中相互撞到，是相互指责、厮打？还是互道一声"对不起"，然后各行其路？别人的玩笑话将自己置于尴尬的境地，是佯装发脾气揍对方一顿，还是一笑置之？……生活中经常会碰到这样的矛盾，你应该以怎样的心态去面对呢？

许多事情，如果双方都寸步不让的争执，结果可能会进一步激化矛盾，造成不可挽回的后果。但是，如果有一方能够以一种大度的心态带头礼让，不仅能够化解矛盾，还能给人留下风格高尚的印象，赢得更多人的钦佩。

据说当朝宰相张英与一位姓叶的侍郎都是安徽桐城人，两家毗邻而居。一次，两家都要起房造屋，为争地皮，发生了争执。张老夫人便修书一封，要张英出面干预。俗话说，宰相肚里能撑船，张英看罢来信，立即作诗劝导老夫人："千里修书只为墙，让他三尺又何妨？万里长城今犹在，不见当年秦始皇。"张家见书明理，立即把院墙主动退后三尺。

叶家见此情景，深感惭愧，也马上把院墙向后让三尺。于是，张叶两家的院墙之间，就形成了六尺宽的巷道，成了有名的"六尺巷"。而且两家后来一直修好，和睦相处。

心胸宽广，拥有大度心态的人，对于改善人际关系和保持自我身体健康都是大有裨益的。事实证明，不能以大度的胸怀接纳别人的错误，总是斤斤计较的人，其身心也会受到不良影响。因为，一个人如果对别人过分地苛求，必定处于情绪紧张、心理不平衡的精神状态之中，如此便会导致内心的矛盾冲突或情绪危机难以解脱，直接影响身心健康。

达伦和杰伊同为一家高科技公司的工程师，平时两个人关系很好，无论在工作上还是生活上，都给予了对方很多帮助。达伦的年龄比杰伊长 5 岁，工龄也比杰伊要长。因此，在一次公司的人事变动中，很多人都认为达伦会得到升迁，但结果杰伊却被提升为地区业务助理，达伦依然在他原来的位置上。达伦认为杰伊能够得到提升是杰伊背后捣鬼的结果，因此他没有带给杰伊什么祝福，相反，几乎每次见到杰伊，他都会给点脸色他看。

一天，达伦看见杰伊和公司老总一同从远处走过来，就故意高声对身旁的几位同事说道："哼，杰伊那家伙，你看他天天往经理的办公室跑，巴结人的技术算得上第一了！"达伦明显带有恶意攻击的话并没有得到同事们的共鸣，相反，他们认为达伦心胸狭小，不值得深交。

然而，就在达伦嘲弄杰伊时，杰伊正极力向老总推荐达伦。但是，经理在私下里向其他同事征求意见的时候，有人把达伦说杰伊坏话的事说了出来，经理也认为达伦心胸狭小，不宜重用，而杰伊心态平和、大度，做事主动，值得好好培养。

大度是一种美德，具有这种心态的人，能够容忍别人有意无意地侵犯，也能够获得更多人的敬重。唐代高僧寒山问拾得和尚："今有人侮我，冷笑我，藐视我，毁我伤我，嫌恶恨我，诡谲欺我，则奈何？"拾得和尚答曰："子但受之，依他让他，敬他避他，苦苦耐他，装聋作哑，漠然置之，冷眼观之，看他如何结局？"这种大智若愚的生活艺术，体现的就是一种大度的心态，也正是老子所谓的"不争而善胜，不言而善应"，它能够化解恩怨，消除人与人之间的隔阂，聪明而又擅长交际的人都明白：大度的是促进良好人际关系的润滑剂。相对而言，怨恨却没有丝毫的用处，台风带来暴雨，你家地下室变成一片泽国，你能够责怪天气不如你的意吗？你能说"我永远也不原谅天气吗"？既然如此，为什么对别人不能大度一点呢？大度不仅是原谅别人的错误，也是自己人格的体现。越是大度的人越能得到别人的尊敬，所以也越能于无形中影响到别人。

"人非圣贤，孰能无过"，任何人都有缺点，人的一生是不断自我完善的过程，所以，把别人的错误当自己的错误来原谅，大度的容纳别人。可以说，大度也是一种良好的心理品质。一个人能顾全大局，或暂时抛弃个人的恩怨，这恰恰是思想境界较高的表现，这样的宽容只会换来更多人的尊敬。

03　以热情感动人

我们每天都会见到各种各样的面孔,开心的、忧郁的、滑稽的、冷漠的等等。每张面孔上的表情都给我们以完全不同的感受。那么,你觉得哪种表情最容易感动人呢?哪种表情最让人感觉到关爱与温暖呢?

一次,有三个人一起玩这样一个游戏:在纸片上写下他们见过的给人印象最好的朋友的名字,还要解释为什么喜欢这个人。

这三个人都是英国几家大刊物的通讯记者,他们几乎跑遍了世界的每一个角落,结交过各种肤色的朋友。结果这三个人写的却是同一个人,那就是澳大利亚墨尔本的一位著名律师的名字。

其中第一个人这样解释喜欢他的原因:"每次他走进房间。给人的感觉都是容光焕发,好像生活又焕然一新了一般。他热情活泼,乐观开朗,总是非常振奋人心。"

第二个人也解释了他的理由:"他不管在什么场合,做什么事情都是尽其所能、全力以赴。他的热情感动着每一个人。"

第三个人说:"他对一切事情都尽心尽力。所付出的热情无人能比。"

他们的判断没错,被选的这位律师正是以他的热情闻名于世的。

无独有偶,1946年,美国的心理学家所罗门·阿希也曾做过一个被称为"热情的中心性品质"的心理学史上著名的实验。

实验中,所罗门·阿希列出有关人格的七项品质:聪明、熟练、勤奋、热情、实干和谨慎,给一组被试者。同时,他给另一组被试者几乎同样的七项品质,仅仅把"热情"换成了"冷酷"。

要求两组被试者对表中的人做一次详细的人格评定,阿希教授让被试者说明，表中的人可能或他们希望这两组具有几乎相同品性的人具有什么样的其他品质。

答案很快就出来了，仅仅一个"热情"与"冷酷"的区别，具有"热情"品质的人，受到被试者的衷心喜爱，人们毫不吝啬地将对其使用各种赞美之词。而那个"冷酷"代替了"热情"品质的人，却遭到了被试者的敌意和仇恨，他们把各种恶劣的品质统统都罗列在他的"冷漠"品质之下。

上面的两组试验说明了一个共同点，那就是拥有热情心态的人更受大家的欢迎。

为什么热情的人如此受欢迎呢？心理学家是这样来分析的：热情其实包含了更多的个人内容，它体现了一个人积极向上的心态，让人们联想到与之相关的其他优良品质和特性，这就是人们常说的"光环效应"。当我们被对方的热情吸引了之后，就会对方还拥有真诚、乐观等其他美好品质，而一个热情、真诚、乐观的人当然会受到人们的欢迎和喜爱。

在生活中，我们也可以从自己的感受出发，来说明热情的人为什么受到人们的欢迎。热情的人常常是面带笑容的，这种笑容不仅能够向周围的人传达快乐，还能够感染周围人的情绪，带给别人美妙的心境。

热情的人不仅能够给别人带来快乐，也会给自己带来好运，因为热情的人总是能够得到更多的帮助。英国首相托尼·布莱尔的最大一个特点就是热情，他连他走路的姿势都在告诉人们：这个人有旺盛的精力。布莱尔的演讲热情洋溢，并且双手不断挥动，充满热情，所以即使他的政治观点越来越不被认同，但是很多人还是会因为他所表现出来的热情而喜欢他。

热情是人际交往中不可或缺的心态，但是，有些人天生安静沉默，这是否意味着他们的人际关系注定会一团糟呢？其实，任何人都会有热情，所不同的在于，有些人的热情持续时间比较短，只能够在短暂的时间里对特定的人和事表现出热情，所以他们给人的感觉往往是缺乏热情；而有些人的热情持续的时间则比较长，并且是对任何东西都能够表现出热情，这样的人给人的印象就是充满热情的。要将前者转化为后者，最重要的就是坚持，坚持以热情的心态对待所有的人，天长日久，热情就会变成一种习惯。

某一个下雨天的下午，有位老妇人走进匹兹堡的一家百货公司，她漫无目的地在公司内闲逛，似乎并没有打算买东西。很多售货员都只是瞟上一眼，就自顾自地忙自己的事情。当他进入一位年轻的男店员视线时，他立刻主动地向她打招呼，很有礼貌的询问她是否有需要服务的地方。这位老太太对他说："我是进来躲雨的，还没有想好要买什么。"年轻人安慰她说没有关系，还是很欢迎她的光临，还是很热情的陪她聊天。当她离去时，年轻人还陪她到街上，替她把伞撑开。老人走的时候向年轻人要了一张他的名片。

不久后的一天，年轻人突然被公司老板召到办公室去，老板向他出示一封信，是位老太太写来的。这位老太太要求这家百货公司派一名销售员前往苏格兰，代表该公司接下装潢一栋豪华住宅的工作。

原来，这位几乎要被年轻人忘记了的毫不起眼的老太太正是美国钢铁大王卡内基的母亲，她一直记得曾主动帮助过自己的年轻人，并且想到用这种方式来回报他。

待人热情总是能够给我们带来好运，既然如此，那还等什么呢？

04　主动化干戈为玉帛

我们先来看一则希腊神话故事：

海格力斯是一位英雄大力士。一天，他走在坎坷不平的路上，看见脚边有个像鼓起的袋子样的东西，很难看，海格力斯便踩了那东西一脚。谁知那东西不但没被海格力斯一脚踩破，反而膨胀起来，并成倍成倍地加大。海格力斯被激怒了，他顺手操起一根碗口粗的木棒砸那个怪东西，好家伙，那东西竟膨胀到把路也堵死了。海格力斯奈何不了他，正在纳闷，一位圣者走到海格力斯跟前对他说："朋友，快别动它了，忘了它，离它远去吧。它叫仇恨袋，你不惹它，它便会小如当初；你若侵犯它，它就会膨胀起来与你敌对到底。"

这个故事具有很深的寓意。在生活中，仇恨正如海格力斯所遇到的这个袋子，开始很小，如果你忽略它，矛盾化解，它会自然消失；如果你与它过不去，加恨于它，它会加倍地报复。

在日常生活中，有些人什么事都喜欢和人争论，经常与那些持与自己不同观点的人争得脸红脖子粗，认为能够说过别人就是一种莫大的光荣，因为这样似乎可以说明自己博学多才，见多识广。其实，这是一种不够豁达的表现，而且是不成熟的表现。

我们应该想到，每个人的个人素质和知识水平决定了不同的人有不同的人生观，我们无权要求别人和我们有相同的世界观，这样做才是豁达，豁达并不是消极，而是处理人际关系的一种非常重要的方式。

有一次，有一个人去拜访老子。到了老子家中，他看到室内凌乱不堪，心中感到吃惊。他实在想不通智者会是这样。于是，他大声哼了一通扬长而去。

第二天，他又回来向老子致歉。老子淡然地说："你好像很在意智者的概念，其实对我来讲，这是毫无意义的。所以，如果昨天你说我是愚不可及的人，我也不会在意。"有人问老子为什么能对别人的无理而无动于衷，老子很豁达地说：别人心里怎么想、怎么做，我没有必要干涉、动怒。因为他的看法一定有他的根据，假如我顶撞回去，他一定会气得更厉害，从而和我产生隔阂，闹得双方都不愉快。这就是我从来不去反驳别人的缘故。

2007年6月6日，大学毕业庆典的头一天，美国前总统克林顿来到了，给1700名即将毕业的大学生做了一场生动的演讲。

克林顿以人类社会的战争和恐怖活动为切入点，在他看来，战争和恐怖活动频繁发生的原因，在于"他们认为人与人之间的不同比人类的共同点要重要得多"。但是，科学家破解了人类的基因组，在30亿个基因组中，99.9%是人类共有的，只有0.1%是不同的。

他接着又说："你们遇到的最大诱惑是：相信这0.1%的不同使得你们考取了大学，这也将使你们变得富有或心想事成，从而你们会认为，你们理所当然将得到一切，而其他生活在水深火热中的人是活该的。但这是你们人生道路的陷阱，千万不要掉进去。"

"尽可能花更多的时间、精力思考这个'99.9%'，在享受自己的与众不同时，要意识到人类的共同点更重要。"克林顿说。

克林顿的话向学子们传达了这样一个道理：人是群体动物，离开了社会这个大环境，与别人格格不入，是无法生存的。要认清属于自己的独特的0.1%的不同，更要把握99.9%的与他人的相同之处，才能更好地发展自己。

在现实生活中，用豁达的心态对待别人的不礼貌行为，就不会为了一点小事与别人起争执，闹矛盾了。所以，即便你对事物的看法真是对的，在不争论也不影响你观点的正确性的情况下，有什么必要一定把人打败呢？与人相处，应该保持豁达的心态，尽量避免争论，因为除了矛盾，争论在大多数时候都不能给你带来什么。即便你赢得了争论，可你又得到了什么？你胜利了，你使别人看到了自身的不足，你使别人的自尊心受到了损伤，你使别人感到了你的强大，使他感到了自卑，你伤害了他的自尊心，你降低了他在人们心目中的形象。这样别人反而会恨你，这样反而影响了你正常的人际关系。而如果失败了，你的争论只会破坏你在别人心中的形象。

每个人都生活在人群中，有人的地方自然免不了有矛盾，出现了分歧该怎么办呢？按照一般常情，人们总喜欢争个高低强弱。但是，要知道，越是把事情做得过分，越是随时随地都可能反作用于自己。很多人都喜欢争吵，非论个是非曲直不可，最后再仔细想想，吵架又伤和气又伤感情还伤身体，这样做太不明智了，不值得！豁达的人会想：不如大事化小、小事化了，俗话说家和万事兴，推而广之，人和也万事兴。

在人际交往中，保持一颗豁达的心，因为豁达的人明白，在人际交往中，自己不可能总是对的。或者说，即使多数时间是对的，也应该允许或宽容世界上有不如他们的人，有认识不到位的人，有素质相对比较低的人。豁达的人不是去同这些人比较，而是耐心地帮助他们，理解他们，宽容他们，理解他们的缺点。套用一句话，海纳百川，有容乃大，壁立千仞，无欲则刚。这话说起来容易，做起来难。

要豁达，主要是在人际交往中不要太认死理，该装糊涂还是要装糊涂，该豁达还是应该豁达一些。豁达是一件很简单的事，就是友好地对待别人不管对方礼貌也好，不礼貌也罢，善良或者凶狠，都能够想得开，不计较，遇人则能宽容，善爱人，平等相待。因为豁达，不必再为调职晋级苦苦争斗，自知平日里已努力做了属于自己的那份工作，或许也有不尽如人意，或许也有错误与疏漏。总之，尽力了，评说之事虽在旁人，却从不为溜须拍马、阿谀奉承所累。因为豁达，相信群众的眼睛是雪亮的，即使这次会有偏差，还有下次，下下次呢！哪怕永远偏差下去，不也少了诸多争斗的劳苦，而留下一颗宁静淡泊的心吗？那种感觉，自然是旁人可望而不可即的。因为豁达，会暂时放下自己的处境，去维护一种公正，哪怕所维护的是极少数人的观点与意见，也许会因此而使自己更为孤立无援，或者被人所蔑视，但执着地坚信着，公正最终是公正的。因为豁达，整日里可以看到笑得通红的脸，看到无忧无虑的神情，看到专注于学识的眼神，看到宽敞明亮的心胸。这样做不仅是为了自己的身体和心理健康着想，更是为和谐人际关系着想。

日常生活中，人要想真正获得快乐，搞好人际关系，就应该学会宽容别人，谅解别人，时刻站在别人的角度想问题，才能真正获得快乐。以豁达的态度对人，才能获得和谐的人际关系。

05　幽默是交往的润滑剂

幽默是人与人之间的润滑剂，它能缓解矛盾，使交际的双方融洽和谐。幽默也是高情商的一种体现，是一种机智地处理复杂问题的应变能力，它可以使人笑着面对矛盾，轻松释放尴尬，它往往比单纯的说教、训诫或嘲弄使人懂得更多。

幽默是人类独有的特质。一个幽默的人，能够给朋友带来无比的欢乐，并且在人际交往中增加魅力，因而备受欢迎。有些人天生就浑身充满了幽默细胞，而有些人的幽默感则是后天培养出来的。

例如，历史上晏子使楚的故事，就是一个有力的例证。楚国是个大国，齐国是个小国，被派往楚国的使臣晏子偏巧又是一个矮子。高傲自大的楚王要冷淡齐国，故意在宫门旁开了一个小洞，让晏子从小洞进去。晏子为保卫国家尊严和自己的身份，向楚王开玩笑说："大国有大门，小国有小门，难道楚国是个小国吗？"楚王只好让卫兵大开城门，晏子就这样运用幽默的语言，摆脱自己的困境，从大门进入楚宫。

幽默能够给人带来轻松的感受，所以对于繁忙沉重的生活来说，幽默真是一种不可多得的艺术，它表达了人类征服忧愁的能力。

在一次南部非洲首脑会议上，曼德拉出席并领取了"卡马勋章"。

在接受勋章的时候，曼德拉发表了精彩的讲演。在开场白中，他幽默地说："这个讲台是为总统们设立的，我这位退休老人今天上台来领奖，抢了总统的镜头，我们的总统姆贝基一定不高兴。"话音刚落，笑声四起。

在笑声过后，曼德拉开始正式发言。讲到一半，他把演讲稿的顺序弄乱了，不得不重新整理。这本来是一件有些尴尬的事情，但他却不以为然，一边翻一边脱口而出:"我把讲稿的次序弄乱了,你们要原谅一个老人。不过,我知道在座的一位总统,在一次发言中也把讲稿页次弄乱了,而他却不知道,照样往下念。"这时,整个会场哄堂大笑。

结束讲话前,他又说:"感谢你们把用一位博茨瓦纳老人的名字(指博茨瓦纳开国总统卡马)命名的勋章授予我,我现在退休在家,如果哪一天没有钱花了,我就把这个勋章拿到大街上去卖。我肯定在座有一个人会出高价收购的,他就是我们的总统姆贝基。"

这时,坐在下面听演讲的姆贝基情不自禁地笑出声来,连连拍手鼓掌。会场里的掌声更是经久不息。这就是幽默的魅力,他拉近了演讲者和亲听者的距离,也拉近了总统与平民之间的距离,打消了一位伟人的神秘感,显示出曼德拉高超的智慧和人际沟通能力。

在二战将要结束期间,东西方的首脑在埃及开罗召开会议。一天,美国总统罗斯福急着去找当时的英国首相丘吉尔洽谈要事。

久居寒冷潮湿的英国,丘吉尔对于开罗干燥又闷热的气候十分难以适应,尤其是白天的气温高达摄氏40度以上,让他几乎待下去。于是整个白天,丘吉尔都把自己泡在放满冷水的浴缸中消暑。

罗斯福匆匆赶到时,丘吉尔的随从没来得及挡驾。罗斯福直接闯进了大厅之中,没有看见丘吉尔,当他听到旁边一个小房间传来丘吉尔的歌声,就循着歌声走了进去,正好目睹了浴缸中一丝不挂的丘吉尔。

两个大国的元首在如此尴尬的情况下见了面,罗斯福马上开口道:"我有事急着找你,这下子可好了,我们真是坦诚相见啊!"

反应敏捷的丘吉尔在浴缸中泰然自若地回道:"总统先生,在这样的情形下会面,你应该可以相信,我对你真的是毫无隐瞒的。"

两位领袖人物的睿智对谈,轻松地化解了一场化解了他们作为对立双方的火药味,使得后面的谈判非常成功,并成为后世的一段美谈。从这个小典故中,我们就能够了解幽默的力量。确实幽默的力量是无法估量的,良好的幽默感,绝对是化解冲突危机、增进双方情谊最佳的润滑剂。

那么，应该怎样培养自己的幽默感，培养幽默感需要注意一些什么呢？

首先，要保持心情愉快。快乐的心胸，是幽默感生存的"土壤"。快乐的人总是能够随时随地发现和制造幽默事件，给自己和别人带来快乐。

其次，要学会自我解嘲。当你遭遇尴尬时，不妨试着嘲笑自己。希腊大思想家苏格拉底的妻子是有名的悍妇，有一天苏格拉底刚一进家门，无缘无故的，他的老婆就对他唠叨不休，接着就是破口大骂。苏格拉底已习惯这一切了，于是就坐在一边抽起烟来，这时他老婆看到他对自己不理不睬的，更是火冒三丈，端起一盆子水就是迎头一泼，顿时苏格拉底全身湿淋淋的。

旁边的邻居见了纳闷地问："刚才你老婆骂你，为何不还口了？"苏格拉底不紧不慢地说："我知道，一阵雷电之后就会有一场盆倾大雨的。"

当遇到尴尬的时候，嘲笑自己是最好的幽默方式，也是最好的自我解围方式，既不会伤害别人又可逗人哈哈大笑。

最后，收集笑点。收集和储存大量幽默素材，如漫话和笑话等，并从中体会幽默的感觉，天长日久，就可以自己制造幽默了。另外，还可以模仿别人的幽默举动。

当我们做到以上三点的时候，我们就能轻松地制造出幽默的场面了。

06　学会赞美他人

心理学家威廉姆·杰尔博士说:"人性最深切的需求是渴望别人的欣赏。"大剧作家莎士比亚也曾经说过这样一句话:"赞美是照在人身上的阳光,没有阳光我们就不能生长。"可见,赞美是每个人生存都想得到的养分,每个人都渴望受到别人的赞美。所以,在与人交往的过程中,适当的赞美,是对他人价值的肯定,可以帮助他人增加成就感,有利于增进彼此和谐、温暖、美好的感情,改善人际关系。

1975年母亲节时,在大学读二年级的比尔·盖茨寄给他妈妈一张贺卡。在卡片上,比尔·盖茨用斜体英文写着这样一段话:我爱您!妈妈,您从来不说我比别的孩子差;您总是在我干的事情中,不断寻找值得赞许的地方;我怀念和您在一起的所有时光。

从这张问候卡上,我们能感觉到,这位创造了微软神话的亿万富翁,从他母亲那儿得到了最珍贵的礼物——赞美。

每个人都有优点,当你发现了别人的某个优点,就大胆地用真诚大方的语气把你的赞美说出口,实事求是而不是刻意夸张的赞美,还可以对别人起到一种督促作用,为了不辜负你的赞扬,他会尽力表现得更加出色。

一个人如果试图改变自己与办公室里其他人紧张的人际关系,不妨试着赞美同事,发自内心的赞美他们的长处,如:"你今天气色很好!""你的领带很漂亮!""这件衣服穿在你身上真是再合适不过了!"等,赞美他人,在为别人带来好心情的同时,也会让自己更受欢迎。因为赞美所传达的,是善意和热情,它们能够化解有意无意间与人形成的隔阂与摩擦。

成功学大师卡耐基在他的《人性的弱点》一书中记录了一次赞美别人的

实际行动。那次他到纽约的一家邮局寄信，发现那位管挂号信的职员对自己的工作似乎缺乏热情。于是卡耐基暗暗地对自己说："卡耐基，你要使这位仁兄高兴起来，要他马上喜欢你。"同时，卡耐基想到要让别人喜欢自己的最好办法，就是说些关于他的好听的话。他边想边打量那位职员，很快就找到了可供赞美的地方。

"你的头发太漂亮了！"卡耐基很诚恳地对他说。

那位职员有些惊讶地抬头看卡耐基，但是很快他的脸上就露出无法掩饰的微笑。并且谦虚地说："哪里，不如从前了。"

卡耐基接着他的话说："这是真的，简直像是年轻人的头发一样。"因为卡耐基恰到好处的赞美，对方感到高兴极了。于是边处理邮件边和卡耐基进行愉快的交谈。

运用赞美的力量，主动真诚地发现别人的优点，并且给予恰当的赞美，这样你会发现你比以前要受欢迎多了。因为，真诚的赞美会让别人的潜力得到更好的发挥。

洛克菲勒曾经说过："要想充分发挥员工的才能，方法是赞美和鼓励。一个成功的领导者，应当学会如何真诚地去赞许人，诱导他们去工作。我总是深恶挑人的错，而从不吝惜说他人的好处。事实也证明，企业的任何一项成就，都是在被嘉奖的气氛下取得的。"

被赞美的人常常因受到鼓舞而对自己充满信心，所以每个人都希望能够得到别人的赞美，但是，是否有人听过下面这个故事：一个小男孩非常淘气，所以常因做错事而受到妈妈的批评。在又一次被妈妈批评后，他跑出家门，来到一个山腰对着谷底大喊："我恨你！我恨你！我恨你！"山谷传来回应：

"我恨你！我恨你！我恨你！"

小男孩被回声吓了一大跳，他跑回家去告诉他妈妈说，在山谷里有个可恶的小男孩说他恨我。妈妈就把他带回山腰，让他试着喊："我爱你！我爱你！"男孩按照妈妈说的去做，这时，山谷了传来的声音变成了："我爱你！我爱你！"

下面我们来简单讲讲如何赞美别人：

1. 赞美对方的特别之处。

比如对某位女士说:"你的皮肤真好!"或"你长得真漂亮!",如果对方长得像某位名人,也可以直言不讳地告诉他"你长得真像那个叫某某的电影明星"。

2. 赞美对方过去的成就。

比如当你见到一位名人时,可以这样赞美:"哇!你就是人们经常说到的某某吗?",如果对方是一位有名的画家,则可以这样说:"我早就听说过您的大名了,您的画我非常欣赏。"

3. 赞美对方身上的附属物。

比如对方身上所佩戴的饰品,或手表手机等,赞美这些就说明你认为对方有品位,是一种委婉但是有效的赞美方式。

懂得奉献的人必然会收获,而懂得赞美他人的人,也会得到来自他人的赞美。因此,在生活中,我们应该用鼓励来代替批评,用赞美来开发人们的潜力。以一种赞美的心态对待身边的人,你就能够创造一种和谐的气氛,有利于团结他人和事业成功。

07 嫉妒是灵魂的癌症

人性的弱点有很多，其中危害最大的就是嫉妒，它存在于每个人的内心，像一颗毒瘤一样危害着人的心灵健康。

日本学者诧摩武俊说："所谓嫉妒，就是自己以外的人占了比自己优越的地位，或者是自己宝贵的东西被别人夺取，或将被夺取的时候所产生的感情。"美国剧作家佩恩也说："嫉妒者对别人是烦恼，对他们自己却是折磨。"可见，嫉妒是人际交往的阻碍。

一个人一旦有了嫉妒的念头，跌进了"嫉妒"的深渊，他的整个思想和行为就会被嫉妒所控制，失去理智，甚至会被自己的嫉妒心活活折磨死。说到这里，可能有人会想到《三国演义》里诸葛亮三气周瑜的情节。周瑜因为嫉妒诸葛亮的才智，从而千方百计要置诸葛亮于死地，最后却仰天长叹一声："既生瑜，何生亮？"一口鲜血从口中喷出，他自己先行去了。对于这样的结局，很多人认为是周瑜自己的气量狭小所造成的，毕竟，除他之外，就再没有听说第二个被自己的嫉妒心折磨死的，把他的死因全部归于嫉妒未免有些夸张了。不管周瑜死于何因，根据有关专家的试验，嫉妒确实会对人体的健康产生很大的危害。

心理学家经过长期的观察和研究证明，嫉妒心强烈的人易患心脏病，死亡率也比一般人高；而嫉妒心较少的人，心脏病的发病率和死亡率均明显低于前者，只有其 1/3 ~ 1/2。此外，嫉妒心强的人还容易产生以下不适症状，如头痛、胃痛、高血压等，并且药物的治疗效果也较差。如果被嫉妒冲昏了心智而得不到适当的发泄，内分泌功能会失调，导致心血管或神经系统功能紊乱而影响身心健康。

除了对个人健康产生的不良影响，嫉妒的心态还会对人产生以下负面作用：

1. 影响嫉妒者的情绪。

看起来无足轻重的事情，常常会被嫉妒者过度膨胀。比如他人亮丽的外表，华丽的服饰，过人的才华等，都会使其产生莫名的恨意。

2. 容易产生偏见。

有嫉妒的心理就意味着偏见。嫉妒程度有多大，偏见也就有多大。偏见出自一种无知，还出自某种程度的人格缺陷。

3. 压制和摧残人才。

在现实社会生活中，在对人才的评价和任用的过程中，有些人因为受到嫉妒心理的干扰，使得有些人才不能得到正确合理的任用。

4. 影响人际关系。

荀况曾经说："士有妒友，则贤交不亲；君有妒臣，则贤人不至"。日本诧摩武俊也说："嫉妒能使亲密的好友翻脸，双方都会受到伤害，可以说，它是一种令人无可奈何的感情，象征着人性的弱点与丑恶的一面。"在嫉妒心理的驱使下，嫉妒者常会不能自控地产生排斥的想法，不理智地做出一些伤害别人的举动。像好斗的公鸡一样，总是去攻击别人，去诋毁他人取得的成就。所以嫉妒是人际交往中的心理障碍，它会限制人的交往范围，压抑人的交往热情，甚至将朋友变成敌人。

哈佛学子爱默生说："凡是受过教育的人最终都会相信嫉妒是一种无知的表现。"嫉妒在很多时候伤害的不是别人而是自己。其实，嫉妒就是自己寻找烦恼，拿他人的优势来折磨自己，不能战胜对方，自己又不服输；不能超越对方，自己又不服气，于是就开始嫉妒。嫉妒说到底就是对自身的轻蔑。它清楚地告诉别人，自己是一个弱者，自己不如别人；嫉妒又是为自己设下的羁绊，它会使自己深陷一种深深的痛苦之中，甚至落得个可悲、可怜甚至可笑的下场。

《三国演义》中，诸葛亮才智过人，周瑜心生嫉妒，于是他想方设法除掉诸葛亮。

周瑜和诸葛亮约定,如果周瑜夺取南郡失败,刘备再去夺取南郡。周瑜第一次夺取南郡失利受伤。虽然随后又将计就计,打败了曹兵;但是诸葛亮却乘机夺取了南郡等地。诸葛亮既没有违约,又夺取了地盘。周瑜却很生气。

随后,周瑜又诳骗刘备到东吴,想软禁他。但诸葛亮却让刘备安然地回到了荆州,并且让周瑜中了埋伏,还让士兵讥讽周瑜"周郎妙计安天下,赔了夫人又折兵"。周瑜气得吐血。

最后,周瑜以攻取西川为名借道荆州,想乘机杀了刘备,夺取荆州。谁知又被诸葛亮识破计谋,自己被戏耍了一番。回到东吴后,周瑜就一病不起,临死前叹了口气说:"既生瑜,何生亮!"连叫数声而亡,死时才三十六岁。

因妒生愤,因愤生恨,因恨而终,周瑜这样一个风流人物死得实在可惜。

一只老鹰常常嫉妒别的老鹰飞得比它好。有一天,它看到一个带着弓箭的猎人,便对他说:"我希望你帮我把在天空飞的老鹰射下来。"猎人说:"你若提供一些羽毛,我就把它们射下来。"这只老鹰于是从自己的身上拔了几根羽毛给猎人,但猎人却没有射中其他的老鹰。它一次又一次地提供身上的羽毛给猎人,直到身上大部分的羽毛都拔光了。于是猎人转身过来抓住它,把它杀了。

嫉妒对自己本身的伤害,正如铁锈对钢铁的伤害一样,不是别人给自己的伤害,而是自找苦吃。其实,嫉妒的杀伤力远超过我们的想象,每当心中怀着一股嫉妒之火时,伤害最大的还是自己。

有这样一个寓言故事。

有一对夫妻心胸都很狭窄,总爱为一点小事争吵不休。有一天,妻子做了几样好菜,想到如果再来点酒助兴就更好了,于是就拿瓢到酒缸里去取酒。

妻子探头朝缸里一看,瞧见了酒中倒映着的自己的影子。她以为是丈夫对自己不忠,把别的女人带回家来藏在缸里,就大声喊起来:"喂,你这个死鬼,竟然敢瞒着我把别的女人偷偷藏在酒缸里面。如今看你还有什么话说?"

她的丈夫听了糊里糊涂的,赶紧跑过来往酒缸里瞧,他一见是个男人,也不由分说地骂起来:"你这个坏婆娘,明明是你领了别的男人回家,暗地里把他藏在酒缸里面,反而诬陷我!"

妻子不甘示弱,越骂越气,举起手中的水瓢就向丈夫扔过去。丈夫侧身一闪躲开了,见妻子不仅无理取闹还打自己,也不甘示弱,于是打了妻子一个耳光。这下可不得了,两人打成一团,又扯又咬,闹得不可开交。

最后闹到了官府,官老爷听完夫妻二人的话,心里顿时大怒,眼见自己的同僚一个个地都升官发财了,只有自己在这个穷乡僻壤受罪,老爷我正心情不好,你们却不知好歹,来人啊,每人打二十大板,若再无理取闹一定重责!

因为嫉妒,一个家庭不得安生,因为嫉妒,官老爷迁怒他人。由此可见,嫉妒的危害是多么巨大。

一位美国作家说过:"当朋友取得成功时,我们心中就有一些东西被摧毁了。"你是否也会在听到别人成功的消息时,突然变得很脆弱呢?当看到别人春风得意的时候,是不是感觉自己好像失去了什么?当自己的快乐和满足被老同学或老朋友们的好消息冲淡时,是不是觉得自己很失败?

嫉妒是人性的弱点之一,嫉妒是一种比较复杂的心理,它包括"焦虑、恐惧、悲哀、猜疑、羞耻、自咎、消沉、憎恶、敌意、怨恨、报复等不愉快的情绪"。别人天生的身材、容貌和逐日显出来的聪明才智,可以成为嫉妒的对象;其他如荣誉、地位、成就、财产、威望等有关的社会评价,也容易成为一些人嫉妒的对象。

嫉妒的人是可恨的。他们不能容忍别人的快乐与优秀,会用各种手段去破坏别人的幸福。有的挖空心思采用流言蜚语进行中伤;有的采取卑劣手段施于行动。嫉妒的人又是可怜的。他们自卑、阴暗,享受不到阳光的美好,体会不了人生的乐趣,生活在他们的黑暗世界里。嫉妒的人是那么可悲,嫉妒就像"心灵的疾病",会扩散到身体各处,引起躯体上的不良反应,七病八疾不请自到,它是摧毁人性和健康的毒药。

嫉妒是一种缺乏自信、深感失落的心理感受,它是邪恶的开端,有着丑陋的本性,犹如用冰凌磨制的冷箭,不敢在阳光下发射;又如用阴谋绑成的棍棒，只能打别人的影子。嫉妒是一种最无能的竞争，是成功的最危险的杀手。

　　嫉妒总包含着一股不平之气。嫉妒越强烈，愤愤难平的情绪也就越强烈。毋怪乎总见有嫉妒者拿着"讨公平"的借口来为自己的恶意作辩护。可把"公平"视为嫉妒的外在借口，却出自旁观者的逻辑。对于嫉妒者自己，"不公平"简直不是个借口，而就是嫉妒者的真实感受，出自嫉妒的逻辑。逻辑之所以为逻辑，会表现为一种强迫。很多时候，嫉妒者自己都无法为这种不平感找到一种合理的解释，但却仍然很难放弃这种看法，很难除去这种感觉。

　　嫉妒天然带着羞耻。嫉妒让人孤立，让人走到不见光的地方。嫉妒的人生活在地狱里。放弃比较，嫉妒就会消失，卑鄙就会消失，虚伪就会消失，但是唯有当我们开始培养内在的财富，我们才能够放弃它，没有其他的方式。成长，变成一个越来越真实的人，依照神造出我们的样子来爱自己、尊敬自己，那么天堂之门就会立刻为我们打开。

　　人生在世，一定要有一颗平静和睦的心，切不可心怀嫉妒。俗话说："己欲立而立人，己欲达而达人。"别人有所成就，我们不要心存嫉妒，应该平静地看待别人所取得的成功，这是拥有幸福人生的秘诀。

第六章　职场心理学

求胜是必备的姿态

学历代表过去，财力代表现在，学习能力代表将来。所见所闻改变一生，不知不觉会断送一生。没有目标的人永远为有目标的人去努力；没有危机是最大的危机，满足现状是最大的陷阱。下对注，赢一次；跟对人，赢一世。老板只能给你一个位置，不能给你一个未来，舞台再大，人走茶凉。

01　野心成就伟大

学生时代，我们总认为野心是一个贬义词，凡是跟野心沾点儿边的人或事都决不去碰触。直到后来遇见的事儿多了，我们已经不能不承认野心也有着它的积极作用。

学者们在研究教育模式和成功经验的过程中，得出了这样一个结论：人人都有自命不凡的野心。世界上有很多类似"世界最优秀的人才是我们！""我能成为世界上最大、最好的公司的CEO！"这样的呼声。这种野心，其实也是一种宝贵的财富，造就了一批又一批的政治家、科学家和工商管理精英！

野心与梦想、理想相比，它有具体目标，如想当政治家、将军是理想，想当总统、军长则是野心；野心与上进心、进取心相比，目标则更加远大，如想当主管叫进取心，想当总经理就是有野心了。

野心造就出许多伟大的人！出身贫寒的克林顿，17岁目睹了美国总统肯尼迪的风采。当总统肯尼迪握住这位阿肯色州小男孩双手的时候，他有了一个野心，他要成为美国总统，30年后，野心变成了现实！

毕业于的美国历史上最伟大的总统罗斯福，患有小儿麻痹症，是个瘫子。像这样一个人，他通过比常人更加艰苦努力的奋斗，在美国获得广泛的人心与支持，成为美国历史上唯一一位连任四任的总统，四次实现了孩提时的野心！

有梦想，就应该有野心。伟大的人物正是在野心的催促下才能成其伟大。"不想当将军的士兵不是一个好士兵"，拿破仑在几百年前说的这句话至今仍然被人们广为接受和传诵，而拿破仑这个名字也因为他的野心而突破了时空的限制，在一代又一代人中流传。我们说，历史总是惊人的相似，在所有的成功者中，拿破仑不是唯一一个意识到"野心"的重要性的人。另外一位成功的企业家，在临终前以留下一道有奖竞猜题的方式提醒人们：野心也是一种积极的心态。

巴拉昂原是一位年轻的媒体大亨，以推销装饰肖像画起家，在短短的不到十年的时间里快速跻身于法国50大富翁的行列中。这位富翁临终前留下遗嘱：将他46亿法郎的股份捐献给博比尼医院，用作研究前列腺癌。还有100万法郎作为奖金，奖给揭开贫穷之谜的人。

法国《科西嘉人报》在巴拉昂去世后刊登了他的这份遗嘱。之后《科西嘉人报》便收到大量的信件，除了少数持对该遗嘱持怀疑态度的人，大多数人都寄来了自己的答案。

答案五花八门，应有尽有。很多人认为，穷人最缺少的是金钱。另外一些人认为穷人缺少机遇；还有人认为穷人缺少一技之长、穷人缺少别人的帮助与关爱……

后来，在巴拉昂逝世周年纪念日，律师和代理人按巴拉昂生前的交代在公证部门的监视下打开了那只保险箱，在48561封来信中，有位名叫蒂勒的小姑娘的答案与巴拉昂一致，他们都认为穷人最缺少的是野心——成为富人的野心。

在报纸刊登巴拉昂的谜底后，在世界上引起了不小的震动。后来，电台就此话题采访一些好莱坞的新贵及其他行业几位年轻的富翁时，他们都毫不掩饰地承认：野心是所有奇迹的萌发点，是永恒的特效药，有些人之所以贫穷，多数是因为他们有种无可救药的弱点，即缺乏成为富人的野心。

看了巴拉昂给出的答案和那些富翁新贵们的观点，我有一种"英雄所见略同"的感慨。我们不妨再问自己一遍同样的问题：穷人到底缺什么？缺钱吗？穷人当然缺钱，但是，是什么原因使得他们缺钱的呢？很多富人也不是天生就富有，他们中很大一部分也是从穷人中走出来的，他们为什么能够成为富人呢？回答这些问题的答案只有两个字：野心。因为有些穷人没有野心，所以他们一直贫穷；成为富人的穷人有野心，所以他们最后成功了。这并非是在夸大野心的作用，心理学家森姆·詹纳斯应拿破仑·希尔的邀请，曾对众多白手起家的百万富翁进行过深入调查分析，发现他们均有一个特性，那就是对成功的强烈欲望和野心。

这里，我们所说的野心并不是那种完全出于个人的一种贪欲，而是一种健康的野心，比如穷人成为富人的野心，下层人成为上层人的野心……这些野心往往是源于人类的虚荣心，人最大的虚荣莫过于对荣誉的追逐，它不仅对人没有害处，还是一种积极向上的心态。所以很多名人都会认同这种野心，拿破仑就曾说过"不想当将军的士兵不是一个好士兵"。而列夫·托尔斯泰年轻时就在自己的日记里写道：正是自尊和野心时常激励着我去行动。

研究创造行为和科学多样性的心理学家，也认为野心是一种最有创造性的兴奋剂，他们相信野心在本质上就是充满活力的东西。所以，健康的野心是努力的源泉和动力，它会让你学会坚持，促使你更加努力，从而变得更加强大。

在成为 NBA 巨星之前，迈克尔·乔丹曾被认为是一个有缺陷的球员。

高中的时候，乔丹的教练告诉他说："迈克尔·乔丹，你身高不够高，没有超过 180。所以即使你球打得再好，以后也不可能进入 NBA，我们决定不要你这个球员。"

但是，生理上的缺陷并没有阻止乔丹成功的野心，于是他就跟他教练讲："教练，我不上场打球，可是我愿意帮所有的球员拎行李。当他们下场的时候，我愿意帮他们擦汗。请你让我在这个球队，跟这些球员一起练球，这是我要成功的野心。"

教练发现迈克尔·乔丹的野心的确超过任何人，所以他接受了迈克尔·乔丹的建议。

想要成功的强烈野心让乔丹努力的练习打球，有一天早上 8 点钟，篮球场的管理员跑去整理球场，却发现他倒在地上睡觉。一问才知道是练球练得太累了，于是倒在地上就睡着了。

迈克尔·乔丹早上练球，中午练球，下午跟着球员一起练球，晚上还要练球，他比任何人都要努力。这样努力的结果是他不仅最终获得了成功，身高也由不足 180 厘米增加到了 198 厘米。乔丹的父亲讲，乔丹全家人的身高没有一个人超过 180 厘米，是想要成功的野心让他足足长高了 20 来厘米。

其实这里的野心是梦想的同义词，虽然可能会给人一种违和感，但是不可否认，在今天的社会环境下，野心一次更加符合当今的现状。我们相信，有野心就有无限可能，如今的我们生活在一个具有无限可能的时代，竞争也将越来越激烈，无论是在个人生活中还是工作中，从来不曾有过这么多人有这么多机会能够去创新。在这样的年代里，对任何人来说，没有野心，就等同于没有卓越的成就。

02　积极主动地工作

《双面胶》作者六六曾说过："拿两千块钱的薪水，要有一万块钱的范儿。"

六六之所以说出这样的话，是想告诉大家，工作不是为别人，而是为自己。如果你把工作当成工作，你基本上一辈子就是做一天和尚撞一天钟了。如果你把工作当事业去奋斗，你得到的一定比你期望的高。所以，人一定要积极主动地工作，当你做的事超出了老板的预想，那么你想不得到赞赏都是不可能的。

微软公司的首席执行官史蒂夫·鲍尔默是比尔·盖茨聘用的第一位商务经理。

鲍尔默从小就很聪明，在上高中时，他的母亲带他参加全国数学大赛，他进入前十名，被称为数学奇才，拿到数学系奖学金，这个大奖帮助他实现了他父亲的梦想——考入。

鲍尔默1973年进入。大学期间，他曾担任校足球队队长，为《红色》报和的文学杂志社工作过，获得了数学和经济学学士学位。

在一次应邀出席新生入学的典礼时，他忠告新生们："放开你的思路，放远你的视线。因为永远有想不到的机会你没有想到，你没有看到，可是这个机会会给你带来一生惊喜的突变。"

这是学子鲍尔默对自己成功人生的精彩诠释。思路开阔，目光远大，才能想在人先，走在人前。

命运对于任何人来说都是公平的，付出者收获，多劳者多得，没有人能够不劳而获，坐等金钱成功的降临。所以很多时候，我们只有自己去主动争取一些机会和利益，只有拥有主动心态的人，才会得到幸运之神的垂青。

卡尼斯先生在成为杜兰特老板的重要助手，担任一家子公司的总经理之前，曾是一名普通的职员。

后来有人问卡尼斯先生获得杜兰特老板赞赏的秘诀，卡尼斯先生平静地说出了"主动工作"四个字，那人继续问：“你是怎样主动工作的呢？”

卡尼斯先生说：“在杜兰特先生的公司工作之初，我就想，我是新来的，要赶紧学。每天下班后，所有人都走光了，我发现杜兰特先生仍然在办公室继续工作那晚。我决定也像杜兰特先生那样，留在办公室里继续工作。是的，的确没有人要求我这样做，是我主动留下来的。

我认为自己应该留下来，在需要时为杜兰特先生提供一些帮助。工作时，杜兰特先生经常要找材料或打印文件，最初这些工作都是他自己亲自做的。后来，他发现我还在公司，有意帮助他，等待他随时召唤。就这样，他也慢慢养成了让我帮忙的习惯。"

普通职员卡尼斯抱着学习的心态主动工作，既向老板学到了有用的知识，也赢得了老板的关注，最终得到晋升的机会。

积极主动地工作意味着把命运攥在自己手里。一份本不属于你分内的工作，你主动做了，这就给了自己一个机会。当顾客、同事或者老板交给你某个难题时，表面看来，他好像是在为难你，其实是给了你一个展示自己的机会，一旦你主动把握好了，很快就会获得相应的回报。

在一个周末，有一位经理想要找一个临时速记员，于是他走进职员克里斯的办公室，请求他帮助自己，克里斯爽快地答应了下来，他说：“今天是周末，公司里所有的速记员都去看球赛了，如果你晚来五分钟，我也走了。既然你确实很着急，我就帮你这个忙好了，反正球赛什么时候都能看。"

克里斯用了一个下午的时间，完成了经理交给的工作。

当经理拿到克里斯的文案时，很高兴地对他说：“我会给你工钱的，要多少？”

这让克里斯感到有些意外，他原本没有指望要报酬的。于是克里斯开玩笑说：“500美金吧。"

让克里斯感到意外的是，六个月之后，在他快要忘记这件事的时候，经理找到了他，不但给他送来500美元，还升了他的职位，薪水比他现在的工作高出1000多美元。

这就是积极主动地工作所收获的回报。以自发的心态去对待一件事，往往会给我们带来意想不到的收获。但是，遗憾的是，生活中大多数的人并没有这么想，他们认为，主动工作就是吃亏。认为提前上班不仅不会涨工资，还会被人冷嘲热讽，为加班而推迟下班时间，就有可能被称为"工作狂"，这可不是一个表扬人的词；中国还有个俗语叫"枪打出头鸟"，意思是说谁先主动谁就有挨枪的可能，既然如此，当然是不主动的好。这些，似乎都是我们不主动的理由。

但是，是否有人这样想过：我是为自己而工作，即使真的会有上面的一些顾虑，为了更好的将来，也应该主动工作。因为我们只有在工作中才能学习知识、经验，并且做的工作越多拥有的经验就会越多。抱着这样的想法，就会有动力去主动工作。而这种主动，正是毫不起眼的你最重要的优势，是你获得老板赞赏的筹码。

一个人的成功在于他每天养成积极主动高效工作的习惯，以下是成功人士的20个习惯。

（1）不说"不可能"；

（2）遇到困难时对自己大声说：太好了，机会来了！

（3）不说消极的话，不为消极的情绪所控制，一旦发生立即正面处理；

（4）凡事先订立目标；行动前，预先做计划；

（5）工作时间的每一分、每一秒做有利于工作的事情；

（6）用零碎的时间做零碎的事情；

（7）随时记录想到的灵感；把重要的观念、方法写下来，随时提示自己；

（8）守时；

（9）走路比平时快30%；

（10）出门之前先照镜子，给自己一个自信的微笑；

（11）每天下班前5分钟做一下今天的整理工作；每天自我反省一次；

（12）每天坚持做一次运动；

（13）开会坐前排；

（14）每天做一件"分外事"；

（15）时常运用"头脑风暴"，利用脑力激荡提升自己创新能力；

（16）听心跳一分钟，在做重要的事情时、疲劳时、紧张时、烦躁时……

（17）用心倾听，不打断对方的话；

（18）每天有意识地赞美别人三次以上；及时表示感谢，如果别人帮助了你；

（19）每天至少做一次能使自己"进步一点点"的事情，有意识地提升自我；

（20）恪守诚信；学会原谅。

当你把额外的工作当成机遇，积极主动地寻找"闲置"的工作，主动把这些工作做完，即使这些工作跟你没有丝毫的关系。但是，我们要相信的是，这个世界永远遵循着某种守恒法则，你付出了多少，就会收获多少。也许这种回报并不是立刻就能体现出来的，但是，不要气馁，一如既往的坚持主动，坚持多做一点，也许在某个不经意间，回报就以出人意料的方式出现。最常见的回报是晋升和加薪。这种回报的给予者不仅限于你的老板，也可能是他人；以一种间接的方式给你一个惊喜。

03　团结就是力量

你知道所谓的"格式塔定律"吗?"格式塔定律"是格式塔心理学的主要论点:"部分相加不等于整体,整体大于部分之和。"简单地说,在一个团队里,团队的力量不见简单的1+1=2,多数时候都是1+1>2。就像俗语所说的"三个臭皮匠,赛过诸葛亮。"话糙理不糙,有限的头脑连接在一起,是无限的智商。

专家们曾经做过这样一个实验,把七八只黄蜂同时关进一个密封的小森箱里。几天后,打开木箱,发现四壁多出了七八个小洞,每个洞里各有一只死去的黄蜂。而这些小洞的深度,最浅的也超过了木板厚度的一半。

事实上,只要这些黄蜂在生命攸关之时能够团结合作,每只都在同一个洞上轮流钻上一段,那它们完全可以轻易钻破木箱,化险为夷,走出绝境。可遗憾的是,它们一个个只顾各自逃命,最后反倒全部命丧黄泉。

专家们试图用这个实验来告诫学子:在现今社会中,单打独斗的个人英雄主义已经行不通了,只有积极地与他人合作,方能以最小的代价获得最大的成功。

日本北海道大学进化生物研究小组曾对蚂蚁进行过一项有趣的试验,他们对三个分别由30只蚂蚁组成的黑蚁群的活动进行了跟踪观察。结果发现。大部分蚂蚁都很勤快地寻找、搬运食物,而少数蚂蚁却整日无所事事、东张西望,这少数蚂蚁被人们叫作"懒蚂蚁"。

有趣的是,当生物学家将这些"懒蚂蚁"做上标记,并且断绝蚁群的食物来源时,那些平时工作很勤快的蚂蚁表现得无所适从,而"懒蚂蚁"们则勇敢的担任起了带头兵的作用,带领众蚂蚁向它们早已侦察到的新的食物源进发。

经过研究，生物学家发现，"懒蚂蚁"们虽然没有想那些勤劳的蚂蚁一样搬运食物，但是它们把大部分时间都花在了"侦察"和"研究"上了。因此它们能够保持对新的食物的探索状态，从而保证群体找到食物。

"懒蚂蚁"和勤劳的蚂蚁之间的关系，就是合作的关系，合作让它们之间的优势互补，实现了 1+1>2 的可能性，从而更好地寻找食物。这种关系不仅存在于蚂蚁身上，还有其他的动物，大雁在飞行时排成 V 字形，而且 V 字形的一边比另一边长一些，并且雁群还会不断地更换领队，这些都是因为为首的大雁要在前面开路，帮助它左右两边的大雁造成局部的真空，科学家曾在风洞试验中发现，成群的雁以 V 字形飞行，比一只雁单独飞行能多飞 12%的距离。人类也一样，只有懂得合作，将各自的优势发挥到极致，才能实现1+1>2，才能走得更远。

合作是组合式的行为，人们为了达到某一特定目标，而把兴趣、知识、才能、物质、经济等实力相同或相似的人联系在一起，将他们的才能和实力相加起来使用。对于乐于同他人合作的人来说，合作是一件快乐的事情，也是一件必须的事，很多事情只有通过互相的合作才能完成。美国加利福尼亚大学的副教授查尔斯·卡费尔德，曾对美国 1500 名取得了杰出成就的人物进行了调查和研究，发现他们之间存在某些共同点，其中之一就是合作精神。这些人认为，合作的过程就是相互竞争和帮助的过程。在合作的过程中，并不是考虑如何击败竞争者，而是借对方的力量提高自己。

合作，几个孤立的人就能组成了一个团队，加强了整体实力，在帮助别人的同时也强大自己。如果不懂得与别人合作，则可能连自己已经得到的都会失去。

社会是一个大环境，在这个环境中，没有人能够不依靠他人而独立生存，更不可能取得长久的成功。并且，合作是将多个人的力量凝聚在一起，它大于其中任何一个人的力量单纯的相加。所以，选择合作，才能更快更好地成功。

当然，也有很多人因为性格使然，总觉得自己不合群，在团队中容易被孤立。避免这种情况，必须要做到以下几点。

千万不要傻到独来独往、四处树敌。这样做能帮助你在团队中不被孤立：

（1）压制自己的冲动，在发表看法前先让自己保持冷静；

（2）对周围的人抱着友善的信念，决不会因为看不惯某些人而影响团队的团结；

（3）在提出意见时有理有据，而不是强词夺理；

（4）时刻以高标准要求自己；

（5）从来都不会认为自己比别人强。

做到了上面几条，你就能很好地防止自己在团队中被孤立。你会发现自己不再浮躁，能够清晰地看到前进的目标，工作中所犯的错误会不断地减少，在别人都认为无法进步的时候，你却仍旧能够继续向前，最终脱颖而出。

04　敢于承担责任

一般毕业生初入公司的时候，老板总会语重心长地告诫他们，千万不要把自己当棵葱，不管他们在校时多么优秀，毕业后都是白纸一张，从零开始。而在社会的大浪淘沙中，唯有踏踏实实干事，有责任心，不浮躁，不轻狂的人，才能成就一番大事。

当然，不是所有人都认认真真听取了老板华中的意思。不然你就不会听到类似这样的话了：我以前没有遇到过类似的情况，所以才会出错；他做决定的时候没有问我，所以与我无关；不好意思，我实在是太忙了，没有时间云云。然而，真正有责任心的人会自我反省后告诉上级说：虽然我缺少经验，但是如果能够多了解一点情况，也许就不会出现这样的结果；虽然他做决定的时候我不知道，但是作为上级（同事），我应该主动了解情况，所以我也有责任；我抓紧时间赶出来，以后再也不会出现这种情况了。

试想，如果你是老板，你会欣赏哪一类人。

将上面的两种回答比较一下，我们不难发现后一种人比前一种有责任感，当然，后者也比前者更使人信赖，因为只有能够主动承担责任的人，才更容易得到别人的信任。

只要做事，就意味着责任，并且职位越高、权力越大，肩负的责任也会越重。对于敢于承担责任，别人会更加信任他，喜欢他，所以会更容易赢得别人的尊敬和信任，在别人心目中的形象也会因此而变得高大。

查姆斯担任国家收银机公司销售经理期间，公司正因为财务问题而处于困难时期，销售员们知道这一消息后，都无法以积极的心态开展自己的工作，销售量很快就跌下来了，查姆斯不得不召集全体销售员开会。

首先，查姆斯请销售员挨个分析销售量下跌的原因，但是几乎所有人都认定了这样一个理由：商业不景气、资金缺少，很多人都希望等到总统大选揭晓以后再购买。查姆斯生气地大喊："停止，我命令大会暂停10分钟，让我把我的皮鞋擦亮。"

然后，他命令坐在附近的一名黑人小工友把他的擦鞋工具箱拿来，要求他把自己的皮鞋擦亮。十分钟后，查姆斯看看自己锃亮的皮鞋，满意地给小工友一笔钱，继续他的演说。

他说："我希望你们都好好看看这位小工友。他拥有在我们公司擦鞋的特权。他的前任是位白人小男孩，年纪比他大得多，虽然公司每周补贴他5美元的薪水，但他仍然无法从本公司赚取足以维持他生活的费用。

"而这位黑人小男孩却能赚到相当不错的收入，既不需要公司补贴，每周还可以存下一点钱，而他和他的前任工作环境完全相同，工作对象也完全相同。

"现在我问你们一个问题，那个白人小男孩拉不到更多的生意，是谁的错？是他的错，还是顾客的错？"

销售员不约而同地回答："当然，是小男孩的错。"

"那你们呢？现在推销收银机和一年前的情况完全相同，你们的成绩却在下滑，这是谁的错？"

"当然，是我们的错。"

"我很高兴你们能够勇敢承认自己的错误。我相信只要你们全力以赴，在以后的30天内，我保证每人能卖出5台收银机，公司的财务危机也会因此解决。你们愿意这样做吗？"

大家都说愿意，后来的事实证明他们果然办到了。在他们强烈的责任感面前，之前被认为是很充分的理由仿佛根本不存在似的，统统消失了。

约翰是一家公司的办公室经理，一次，他办公室的一位员工请病假，会计部门却把当月的全额工资误发给了这位员工。约翰发现后，立即通知那名员工，告诉他要在下月发工资时减去这次多付的工资，以纠正这次错误。但是那名员工告诉他，如果从下月的工资中扣除，他当月的基本生活就难以维持下去，因此请求分期扣除多领的薪水。但这样做必须经过约翰老板的批准。约翰知道，老板最讨厌出现这样的错误，他一定会对自己大为不满的，但是为了这位员工的利益，他必须向上汇报。

约翰如实地把整个事情的经过告诉了老板，老板果然大发脾气，但他没有责怪约翰，说这应该是人事部的错误，约翰说和人事部门没有关系。老板又说是因为会计部门的疏忽，约翰则说是自己没有将员工请假的事告诉会计部门，错误还是在他身上。最后，老板惊喜地看着约翰说："好，既然是你的错误，就按你的方案解决掉吧。"

约翰没有回避责任，勇敢地承担了一切，不仅问题得到了解决，老板也因此认为他是一个有责任感的人，值得信赖。因此更加器重他了，并且在不久之后升他为公司的副总裁。

如果你发现确实是自己的错，就不要想尽办法找理由推脱，即使你并不是整个事件的主要责任人，但是，当你坦率承认错误，以一种积极的心态想办法补救时，别人反而不会在意你犯下的错误，而是更注重你勇于承担责任所表现出来的责任感。

勇于承担责任，这种积极的心态一旦建立起来，即使真的遇上困难，你也会想办法寻找突破困难的方法，而不是找借口为自己百般开脱。

一个没有责任感，且爱把责任推到别人身上的人是很难得到大家的认可的。这样的人无非抱着两种心态：第一，逃避责任，认为只要推脱给别人了自己就不用担责任，受处罚了。第二，认为只要是自己做的就是对的，根本没有责任。前一种人是害怕担责任，因此给人留下胆小怕事的印象，能够凭借小聪明占一些小便宜，但是无法取得大的成功。而后一种人根本没有责任意识，自高自大，即使能力不够，也认为自己做事没有一点值得挑剔的地方，拒绝向别人学习。但是成功的过程也是一个不断学习的过程，拒绝学习的同时，成功自然也离他越来越远了。

05　对工作充满热情

"没有什么比失去热忱更使人觉得垂垂老矣,精神状态不佳,一切都将处于不佳状态。"心理学家杜利奥如是说。

心理学家认为,热情是一种积极的心态,很容易给自己积极和自信的心理暗示,也很容易传染给周围的人。拥有热情的人往往充满乐观和朝气,做起事来也更有劲头。他对生活总是充满渴望又精力充沛,他的目标明确,他能够始终坚守自己的使命,狂热投入工作。如此的热情来自对工作的热爱和对自己追求的享受。毫无疑问,这样的人肯定是生活中的强者。

某大学曾经1500名学生进行过一项问卷调查,询问他们选择专业是出于爱好还是因为赚钱。在这群人中,1255名学生回答是因为赚钱,245名学生表示是出于爱好。这项调查持续了10年,目的是要了解为了金钱和因为爱好而努力奋斗的人最后各自有多少人成了富翁。结果显示,10年后,245名因为爱好而奋斗的人中有116个人成了富翁,而1255名为了金钱而工作的人中只有1个人成了富翁。

究其原因,为爱好而择专业的人,因为对爱好的专注,所以可以把自己的热情都放到专业上去,全身心地投入,从而更容易获得成功。因此,该调查结果告诉我们,保证你能拥有足够多的金钱的唯一道路是做你自己喜欢的工作,对工作保持持久的热忱。

著名人寿保险推销员法兰克·帕特也是一个有着热忱心态的人,在他离开职业棒球队后,月薪从175美元减为25美元,薪水的变动严重影响到了他练习和比赛的热忱,但是他告诫自己努力尝试着保持热情,大约10天之后,一位名叫丁尼·密思的老队员就把他介绍到新凡去。去新凡后的第一天,他告诉自己一定要才成为那里态度最热忱的人，并且他努力地去实现自己的这个目标。

"我一上场，就好像全身带电一样。我强力地击出高球，使接球的人双手都麻木了。记得有一次，我以强烈的气势冲入三垒，那位三垒手吓呆了，球漏接了，我就盗垒成功了。当时气温高达华氏100度，我在球场上奔来跑去，极有可能中暑而倒下去。"

这种热忱也给他带来了很大的好处，他的球技开始变得"出乎意料的好"。同时，其他队员受到他的这种热忱心态的影响，也变得越来越优秀，以致整个球队的战斗力也有了很大的提高。

后来由于手臂受伤，帕特放弃了心爱的棒球，到菲特列人寿保险公司做保险推销员，对于自己的成功，他深有体会地说："我从事推销30年了，见到过许多人，由于对工作抱持的热情的态度，他们的收效成倍地增加，我也见过另一些人，由于缺乏热情而走投无路。我深信热情的态度是成功推销的最重要因素。"

美国堪萨斯州威尔斯维尔的莱顿直至68岁才开始学习绘画，这听起来似乎有些不可思议，一个人到了68岁，别说眼睛已经严重老花，能不能拿住画笔都是个问题，但是就是这样的年纪，E·莱顿毅然决定学画。她以极大的热忱投入到这项学习中，后来的事实证明，拥有热忱的心态就能创造奇迹，因为她最终在这一艺术领域取得了惊人的成就。

不管是工作还是生活还是其他的追求，只要具备热忱的心态，就能取得一定的成就。因为拥有这种心态的人，会热爱自己正在从事的工作，会从工作中收获很多的乐趣，工作对他而言不是一种不得不完成的任务，而是一种享受。

一次，一位推销员来到拿破仑·希尔的办公室，把一份《周六晚邮》放在他的面前说："先生，订一份《周六邮报》吧！"当时拿破仑正在处理一件紧急公务，对推销员的贸然到访感到很不耐烦，再看看那位推销员，脸上写满了不得志，仿佛他正在从事的工作给他带来了无尽的痛苦，拿破仑一口回绝了他的请求。

几天之后,另一位推销员来见拿破仑。与之前的那个人不同,她的言行举止中透着一股热忱,令人难以抗拒。当她注意到希尔的书桌上放着好几种杂志,就站起来又仔细地看了看,忍不住惊呼:"哦!我看得出来,您十分喜爱阅读书籍和各种杂志!"凭借这样一个热情洋溢的短句,她轻而易举地将拿破仑的吸引力从他手中的文稿中吸引了过来,很明显拿破仑被她表现出来的热忱所感染,当她离开时,带走了拿破仑·希尔订阅全部六种杂志的订单,同时带走的还有拿破仑的五位职员的订单。

工作是每个人一生都要面对的问题。许多刚刚步入社会的年轻人,对工作、对事业的认识不深,总是抱怨连连,觉得工作远非自己想得那样拥有深远的意义,只是一些琐碎的小事而已。枯燥、乏味被他们看作工作的同义词。

教授本·沙哈尔常在课堂上给学生讲解工作与生活、人生的关系和意义。他总结出这样3种工作境界:赚钱谋生、事业、使命感。

如果只把工作当成任务和赚钱的手段,就没有任何的个人实现。很多人都有这样的体会,每天去上班,只是必须而不是想去,所期盼的,除了薪水,就是赶快放假。而那些把工作当事业的人,除了注重财富的积累外,还会关注事业的发展,如权力和声望等。他们会关心下一个升职的机会,期望尽快获得职位的提升。他们把工作当作自己的使命,随时都充满了热情。

热情是发自内心的兴奋,它所散发出来的感染力不仅可以影响别人,还可以激发拥有热情者自身的潜力。很多心理学家都认为,热情可以使一个人释放出潜意识的巨大力量,而这种力量足以让一个普通人在任何一个他所从事的领域取得巨大成就。所以,让我们试着把你的激情、热情都放到工作里。

首先,言谈举止要充满热情。跟某个人握手时,要紧紧地握住对方的手高声说:"我很荣幸能认识你。"或"我很高兴再见到你。"微笑也要活泼一点,最好是眼睛和嘴巴一起笑。

其次,要学会传播好消息。当你得知一个好消息后,就热心地将它告诉给每一个你认识的人,对他们说:"我有一个好消息。"相信这时所有的人都会停下手中的工作来听你说话。好消息除了引人注意以外，还可以引起别人的好感，你的热情也会传染到其他人，引起大家的热心与干劲，甚至帮助消化，使你胃口大开。所以，记得每天回家时尽量把好消息带给家人共享。和同事聊天时，尽量讨论有趣的事情，同时把不愉快的事情抛在脑后。

第三，要深入了解你所从事的工作，研究它、学习它，尽量搜集有关它的资料。这样做下去就会不知不觉地使你变得更为热忱。对此，卡耐基说过这样一段话："例如，我以前对于崇拜林肯并不热忱，直到我写了一本有关林肯的书以后才改变，现在我非常热忱地崇拜他。华盛顿可能是和林肯一样伟大的人物，但是我对他并不如我对林肯那样崇拜，因为有关华盛顿的事我知道得并不太多。对于任何事物，只有在深入了解以后，你才会产生出热情。"

对人来说，贫穷并不是一件可怕的事情，可怕的是，他因为贫穷失去了生活的动力，失去了对生活的热情，这样的人，很难体会生活的乐趣，他们每天抱怨，每天都进行令人乏味的重复，而这种重复又进一步加深了他们的乏味。有资料表明，世界上有85%人并不喜欢自己的工作，他们仅仅是为了穿衣吃饭、养家糊口，又没有选择新工作的机会，因此他们的每一天都是在应付的心态中度过。但是有着热忱心态的人绝不允许自己如此的得过且过，他们会用自己的热情去努力改变现状，让自己的工作和生活重新充满乐趣。

06　有实力才能受重视

竭力履行你的义务，你应该就会知道，你到底有多大价值。

——列夫·托尔斯泰

近年，网络上很流行一句话：在真正的实力面前，什么都是浮云。编者深以为然。

每个人都希望自己的付出得到别人的肯定，都想在工作中得到老板的赞赏。年纪小，没关系；资历低，也不是问题，关键是看你有没有实力，有没有让老板重视你的资本和理由。

阿迪斯的学习成绩挺好，毕业后却屡次碰壁，一直找不到理想的工作，他觉得自己得不到别人的肯定，为此而伤心绝望。

怀着极度的痛苦，阿迪斯来到大海边，打算就此结束自己的生命。正当他即将被海水淹没的时候，一位老人救起了他。老人问他为什么要走绝路。

阿迪斯说："我得不到别人和社会的承认，没有人重视我，所以觉得人生没有意义。"老人从脚下的沙滩上捡起一粒沙子，让阿迪斯看了看，随手扔在了地上。然后对他说："请你把我刚才扔在地上的那粒沙子捡起来。"

"这根本不可能！"阿迪斯低头看了一下说。

老人没有说话，从自己的口袋里掏出一颗晶莹剔透的珍珠，随手扔在了沙滩上。然后对阿迪斯说："你能把这颗珍珠捡起来吗？"

"当然能！""那你就应该明白自己的境遇了吧？你要认识到，现在你自己还不是一颗珍珠，所以你不能苛求别人立即承认你。如果要别人承认，那你就要想办法使自己变成一颗珍珠才行。"

阿迪斯低头沉思，半晌无语。

只有珍珠才能自然地把自己和普通石头区别开来。你要得到重视，要出人头地，必须要有出类拔萃的资本才行，这样才算找准了让老板重视自己的关键。

曾经有一个人很不满意自己的工作，他愤愤地对朋友说："我的老板一点也不把我放在眼里，在他那里我得不到重视。改天我拍桌子走人。"

"你对于那家贸易公司完全清楚了吗？对于他们做国际贸易的窍门完全搞通了吗？"他的朋友反问。

"没有！"

"君子报仇三年不晚，我建议你好好地把他们的一切贸易技巧、商业文书和公司组织完全搞通，甚至连怎么排除影印机的小故障都学会，然后辞职不干。"他的朋友建议，"你把他们的公司当成免费学习的地方，什么东西都通了之后，再一走了之，不是既出了气，又有许多收获吗？"

那人听从了朋友的建议，从此便默记偷学，甚至下班之后，还留在办公室研究写商业文书的方法。

一年之后，那位朋友偶然遇到他，说："你现在大概多半都学会了，可以准备拍桌子不干了吗！"

"可是我发现近半年来，老板对我刮目相看，最近更是委以重任，又升官，又加薪，我已经成为公司的红人了！"

"这是我早就料到的！"他的朋友笑着说，"当初你的老板不重视你，是因为你的能力不足，却又不努力学习；尔后你痛下苦功，担当重任，当然会令他对你刮目相看。只知抱怨老板，却不反省自己的能力，这是人们常犯的毛病啊！"

让老板重视你的最好做法，就是用真本领武装自己。得到别人的肯定，要靠自己的实力去实现。

第七章　健康心理学

好心态胜过好身体

这个焦躁的社会，人人都有点儿精神病。晚睡强迫症、拖延症、选择障碍症、精神分散症……各种"症"导致身体状况百出，年纪轻轻就精神不济，来个"聪明绝顶"。这可如何是好？心理学告诉我们，好心态胜过好身体。

01　让心灵去旅行

随着整个社会大环境的变化，人们的生活节奏越来越快。白天在办公室像个陀螺一样打转，下班的公交车上仍然不断跟客户交涉，晚上回到家还要加班加点。人们早就失去从前"采菊东篱下，悠然见南山"的闲适和从容。

试问，人们为什么这么忙？忙着工作？忙着生活？忙着奔波？忙着谈情？忙着说爱？忙着伤心？忙着伤痛？忙着……我相信，他的心情一定比他还"忙"，忙着应付他的各种忙，各种累。而且，太过忙碌的生活节奏很容易让人变得脆弱。稍微有一点不顺心，一点不如意，就会感叹、感慨，心情就会跌落下来，就会满腹牢骚、满腹伤感。无论你做什么事情，你的心情永远忠实地追随着你。绷紧的弦会断，穿久了不换的鞋也会因疲劳而过早磨损。而一个人的人生却是一条漫漫长路，很多事情都不可能一蹴而就。随时给自己的心情放个假吧，让心去旅行。

有一位著名的实业家每天承担巨大的工作量，可是从来没有人能够替他分担一点点。在整日的繁重的工作之余，他每天还得提着一个沉重的手提包回家，包里装的都是必须由他亲自处理的急件。紧张劳累的工作，使得这位实业家身心疲惫不堪，他不得不去医院进行诊疗。医生给他开了一个处方：每天散步两小时；每星期空出半天的时间到墓地一趟。

这位实业家对此迷惑不解："为什么要在墓地待上半天呢？这与我的身体健康有什么关系吗？""因为……"医生不慌不忙地回答："我只是希望你四处走一走，瞧一瞧那些与世长辞的人的墓碑。身处墓地时，你仔细思考一下，他们生前也与你一样，认为全世界的事都得扛在自己肩上，如今他们全都长眠于黄土之中，也许将来有一天你也会加入他们的行列。然而整个地球的活动还是永恒不断地进行着,而其他世人则仍是如你一样继续工作着,丝毫不会因为谁而改变什么。整个世界年年月月就如此循环着,永无止境。"

从医院回来后,实业家按照医生的叮嘱,放慢了以往匆忙的脚步、沉重的手提包,在上班时间一过,就被他慎重地搁下,晚饭之后,他会携同妻儿一同散步,也会抽出一些时间去墓地冥思。当他在做这一切时,他感受到仿佛有人在静静听他诉说那不堪重负的压力,安慰他那压抑的心灵。从前那种累累重压的苦闷一下子被驱除了,这种轻松的心态也使得这位实业家在事业上平步青云,在生活中乐观开朗。

在匆忙工作之中,给自己的心境放个假,让它充分享受放松带来的愉悦。别总以为把内心装得满满的就是充实,其实卸下心灵的负荷更是一种幸福。

从前上帝给了人一个任务,叫人牵着一只蜗牛去散步。蜗牛已经在尽力地爬了,但每次总是只能挪动一点点。人拉它,催它,吓唬它,责备它,甚至踢它,蜗牛仍然不紧不慢地往前爬。人在极端疲惫、懊恼之余,开始向上帝抱怨,为什么叫我牵一只蜗牛去散步?"上帝啊!为什么?"人朝着天喊,天一片安静。人没办法了,只得任蜗牛慢慢往前爬。此时,人忽然闻到沁人心脾的花香,听到鸟鸣,看到晶莹的露珠在树叶和草茎上闪烁,人困惑了——路边原来有这样美丽的花园,为什么我以前没有看到?莫非是蜗牛在带着我散步?

为了看看太阳,我来到世上。

我来到这世上是为见到太阳和高天的蓝辉,我来到这世上是为见到太阳和群山的巍巍,我来到这世上是为见到大海和谷地的多彩……

——巴尔蒙特

人生有很多阶段:童年、少年、青年、壮年、老年,每一个年龄段都有其绚丽灿烂的风景,"好花不常开,好景不常在",人生的每一个阶段都一去不复返。"体验阳光,体验美丽,体验幸福,体验纯净,体验温馨,体验柔情,体验思念和怀想",这样的精神世界实在太有魅力了。

哈佛图书馆墙上的训言："狗一样地学，绅士一样地玩。"这句话告诉了我们一个道理：要学就痛痛快快地学，要玩就痛痛快快地玩。这不仅是勉励学子们的话，对于正在工作中煎熬的上班族也同样适用。

给自己的心情放个假，让心去旅行，你就可以欣赏到美丽的画轴，抬头望一望辽阔的天空，看白云在一望无际的蓝天飘荡；听鸟儿无拘无束悠扬婉转地歌唱；看花儿娇艳妩媚地开放；闻一闻花朵儿清幽淡雅的芬芳。听一听雪花儿在风中飘舞吟唱；观雨丝在风中纷飞坠落；看树叶在风中翻飞飘游；看海鸥在海上展翅飞翔；聆听海鸥清脆的啼鸣。登山赏云蒸霞蔚；乘舟看长河落日；沐浴渭城朝雨；倾听拍岸涛声。赏鱼翔浅底、锦鳞游泳；领略红日初升的磅礴；体验"猿啼三声泪沾裳"的悲痛。你会让纤夫肩上的绳索勒住你的肩膀；用心灵看到暴风骤雨后的美丽彩虹。随时给自己的心情放个假，让心去旅行，是自我意识中的放飞。透过明媚的阳光和新鲜的空气，可以使自己的心灵多了一分恬淡、明静和从容。

适当的时候，给自己的心情放个假吧，尤其是在职场中奋力拼搏的朋友，整天的工作、家庭、孩子，终有一天你会被累垮，适当地放松一下自己，到大自然的怀抱中回归自己，你会拥有另一番美妙的生活！才会让你再次拥有属于他的平静。面对自己看到的一切，你才会发现历史的美丽之处和沧海桑田的奇妙，如果没有了时间冲刷，世上的一切将是多么苍白而贫乏，真的不用在感叹岁月吹白了我们的头发。在如此让人心旷神怡的广阔天地里做个深呼吸，让心去旅行，让心去感受美好的一切，让心去感悟人生的真谛！

古人云"生如夏花"。既然人如花，就该在阳光下绽放，而不是每天蜗居在偏小一隅，羡慕蓝天、白云、绿草地。人生苦短，善待自己吧，随时给自己的心情放个假，为了更加美好的生活。让自己的心飞到遥远的天空和白云做伴；让自己的心站在布达拉宫；让自己的心泡在天山的瑶池里；让自己的心在草原上飞奔。哪怕是短暂的片刻也好，给自己留一点品味生命的时间，在忙忙碌碌的同时，也随时给自己的心情放个假，不要错过人生旅途中的每一道靓丽风景，充分享受人生的美好，尽情享受人生的快乐和欢笑。

02　保持乐观的心态

常言道，人生之不如意十之八九。即使是幸福课教授沙哈尔先生也会有不快乐的时候，因为是人就会有不快乐。既然人生总是有这么多不快乐的事，我们要如何保持快乐的心情，愉快地生活呢？

其实很简单，要保持快乐，就要保持乐观的心态，让自己的内心时时都充满阳光，随地都绽放微笑。快乐与痛苦，是生活中永恒的旋律。谁都会有痛苦的时候，但重要的是，我们要学会在痛苦降临的时候仍然能快乐。

具体来说，在看待自己的生命时，可以把负面情绪当作支出，把正面情绪当作收入。当正面情绪多于负面情绪时，我们在幸福这一"至高财富"上就盈利了。长期的抑郁，可以被看成一种"情感破产"。整个社会，也有可能面临这个问题，如果个体的问题不断增长，焦虑和压力的问题越来越多，社会就正在走向幸福的"大萧条"。

—— 本·沙哈尔

迈克是一家饭店经理，他每天都面带微笑，心情总是出奇的好。当有人问他近况如何时，他回答："没有比我更快乐的人了。"有一天，迈克忘记了关后门，被三个持枪的歹徒拦住了，并且歹徒朝他开了枪。幸运的是，躺在地上的迈克很快就被人发现了，紧接着他被送进了急诊室。经过18个小时的抢救和几个星期的精心治疗，迈克健康地走出了那家医院。

6个月后，一位得知他情况的朋友见到了他，并且问他近况如何，他说："我觉得没有比我更快乐的人了。想不想看看我的伤疤？"朋友看了伤疤，然后问他是怎么活下来的。迈克答道："当我躺在地上时，我对自己说有两个选择：

一是死，一是活。然后我选择了后者。医护人员的态度都很好，他们安慰我说没事。但在他们把我推进急诊室后，我从他们的眼神中读到了我的情况不容乐观。于是我立即采取了另外的行动。"

"你采取了什么行动？"朋友问。

迈克说："有个护士大声问我有没有对什么东西过敏。我马上答'有的'。这时，所有的医生、护士都停下来等我说下去。我深深吸了一口气，然后大声吼道：'子弹！'在一片大笑声中，我又说道：'请把我当成一个活人来医治，而不是死人。'"最后，迈克活下来了。

乐观的迈克幸运的活了下来，而这种幸运似乎只属于乐观者，那么，为什么乐观的心态有助于促进身体健康呢？这是因为，乐观的人能够用积极的方式缓解自己的压力，不让自己受到悲观、愤怒等情绪的干扰，并且他们在寻医或接受治疗方面也比悲观的人积极，能够很好地配合医生，很少有自怨自艾的倾向或在劫难逃的想法。

2008北京奥运会上，北京五棵松篮球馆迎来了198名特殊的奥运观众。他们穿着统一的红色T恤，精神饱满的为场上健儿呐喊助威。这样的时刻，谁都不会想到，就是这样一群热情洋溢的人，为了这次重大的参与，他们以乐观积极的心态已经和死神抗争了五年之久。

这个由198名癌症患者组成的团队，从2003年开始，他们就有了一个共同的信念，那就是"健康活五年，相约北京看奥运"，五年来，在这个信念的支撑下，他们以积极乐观的心态对待癌症，配合医生的治疗，乐观的心态让他们战胜了病魔无数次的侵袭，最终坐在了奥运会的看台上。他们用一种特殊而乐观的方式在诠释着一种别样的奥运精神——生命的奥运。

如果连死亡都可以战胜，还有什么是乐观的心态做不到的呢？

确实，乐观心态对促进人体健康有着不可忽视的作用。有关研究结果证明：积极乐观的心态是维持保持身体健康的良药，并且还有助于延长寿命。

美国肯塔基大学教授大卫·斯诺登，曾做过一个著名的试验来证明乐观有益于身体健康。从1986开始，大卫年就对圣母修女学院的678位修女进行跟踪研究，每年对她们进行定期体检，并且说服她们同意死后将自己的大脑捐献出来供医学研究。研究人员发现，年轻时性格开朗乐观的修女，进入老年后不容易患老年性痴呆症。越乐观的人，她们往往越会忽略压力。相反，性格悲观，经常焦虑、动怒的人岁数大后更容易患中风和心脏病。

斯诺登教授说："我们是通过研究她们早年心理活动得出这一结论的。……日记中'快乐''高兴''爱''满足''有希望'等这些词出现的次数比较多，比较乐观的人的寿命比其他人要长10年左右。"

不仅如此，美国明尼苏达梅奥医院的研究人员对八百多人进行了为期30年的跟踪研究，发现心态乐观的人生存率远远高于平均年龄，而心态悲观的人实际寿命与预期寿命相比，提前死亡的可能性高达19%。

乐观有益于健康，观点不断地得到事实的印证。不久之前，《今日医学新闻》网发表的一项研究表明，乐观的男性心脏更健康，为我们传统的健康观念提供了最新的科学依据。

美国罗切斯特大学医学中心发表了一项为期15年的追踪研究。该研究选取了2816名没有心脏病史的成年人作为实验对象。研究人员首先让受试者预估自己在未来5年得心脏病的概率。15年后，研究人员再次对他们的实际发病状况进行调查。研究结果显示，与认为自己不会得心脏病的人相比，那些认为自己很可能得心脏病的男性死于心脏病的概率高出将近3倍。

对此结果，研究者的解释是，乐观的预测也能够有效缓解人们对与疾病的恐惧和压力，而悲观的人不仅不懂得排解压力，还可能因为害怕疾病而出现暴饮暴食、借酒消愁或者讳疾忌医等不良的应对行为。而懂得与医生配合的人，总是会受到幸运女神的眷顾，因为，乐观心态能够创造奇迹。

对于每一个渴望健康的人来说，乐观都是必备的积极心态之一，对于天生悲观的人，可以像宾夕法尼亚大学心理学系的马丁·塞利格曼说的那样，"情绪容易悲观的人可以参加简短的训练计划，永久改变他们对不幸事件的思虑，从而降低患病乃至死亡的风险。"

一个人要学会乐观，应该从下面两个方面调整自己的心态。第一，你要学会洒脱。所谓洒脱，就是心胸开阔，心境平和，豁达大度，从容淡定，凡事不要斤斤计较，不要自我烦恼。对一些不可避免的不顺心事，也要想得开、放得下。丁玲在"文革"后曾说过：人总是要有点阿Q精神，因为一个人不但心胸要开阔，不计较个人得失，更要遇事豁达大度、向前看。要能忍，善意化解一些意外曲折，保持淡泊乐观的精神，提高心理承受能力。

第二，要学会健忘。记性不好的人会忘掉让自己不愉快的事，所以当然乐观了。健忘首先是忘记自己的年龄。中国有句古语叫"忘老老不至"，年龄增长是人生的必然规律，一个人不要总惦记着自己已多少多少年岁了，老是感叹自己老了，认为"人到退休，一休百休"。其实，人只有忘老才能不老，忘记自己的年龄。不服老，"心不老"才能延缓衰老，延年益寿。其次是忘记疾病："疑病病自生，忘病病离身"。一个人就是有了病也不要忧心忡忡，疑神疑鬼，为病所压倒。要正确对待病情，除打针吃药配合医生治疗外，还要持乐观心态。再次是忘记积怨。人生一世，总有不愉快的事发生，如果把过去不顺心的事、与人磕磕碰碰的事统统积压在心里，就会被这些事情压死。有句话叫"积怨可以沉舟"，精神上的压力可以摧毁一个人。忘掉那些"老账"，这样就会一身轻松。

当你做到以上两点，你就学会了乐观，接着你就会发现，自己的身体健康了，生活快乐了，世界更美了。

03　越简单越健康

有这样一个道理：越简单越健康。意思是说，当生活越简单时，生命反而越丰富。如果放任自己的内心被欲望占满，便给人生的悲剧拉开了序幕。

简单是有益于健康的一种积极心态。

《黄帝内经》有言"恬淡虚无，真气从之；精神内守，病安从来。"这与《金刚经》中的"应如是生清净心，不应住色生心，不应住声香味触法生心。应无所住，而生其心。"有异曲同工之妙。都是说人应该有一颗简单的心，越简单的人反而越健康。

意大利有一个叫坎普迪米里的小村庄，那里的居民因普遍长寿而文明。当问及健康长寿的秘诀时，当地人认为，长寿并不需要刻意去追求，只需"生活简单"即可。

在该村的850名居民中，有10人超过100岁，50多人在90岁以上，还有很多超过80岁的老人，他们从外表上看依旧显得格外健康和精力充沛。他们很少生病或上医院，据说20年前，当地曾有一家医院，但是却10多年没有一个病人上门，只好被迫关闭。

有人在仔细研究了他们长寿的原因后，认为可能与当地清新的空气尤其与饮水质量有关。因为坎普迪米里数百年来都以矿泉水驰名，这些矿泉水可以用来预防血管硬化。也有人认为长寿与当地人的健康饮食有关，他们常吃的食品主要包括橄榄油及新鲜的自制面包，自制红萝卜意大利粉，洋葱及西红柿，海鲜、橄榄油炒蜗牛、青豆、豌豆等。

然而，当地居民却有不一样的观点，他们认为，长寿并不是刻意追求的结果，只是简单的山区生活习惯使他们健康长寿。104岁的老伯帕奇亚说："我们只是呼吸新鲜的空气、饮用清纯的泉水、进食健康的食物、过着非常平静简单的生活和享受子孙满堂的安乐日子。"

因为简单生活，所以长寿，越简单越健康，无论是在中国还是在外国，这样的事例都不少见。

在我国的山东省招远市宋家镇卧龙某村，有一位年过百岁的老人于桂美，于婆婆婚后无子无女。丈夫去世后，她与养女相依为命，艰难度日。到了106岁的高龄，老人仍能烧火做饭、缝补浆洗，将家里家外收拾得干干净净。

当有人问到她有什么长寿的方法，老人认为自己长寿最大的原因就是心态简单平和，哀不大悲，乐不大喜。

确实，简单意味着不会有太多过激的情绪和表现，而医学研究结论证明，一些过激的复杂的情绪都是对健康有害的。

人在厌恶时，上唇扭向一边，鼻子微皱。这种表情几乎全世界都一样，它明白无误地显示：某种气味令人恶心。达尔文认为这是为了关闭鼻孔，阻止吸入让人厌恶的气味，或欲张嘴呕出有毒的气体。

悲哀可以帮助调节严重的失落感，诸如最亲近的人逝去或重大失败等。但是，悲哀也会减退了生命的活力与热情，使得悲哀者对任何积极的有益于身体健康的娱乐产生抗拒心理，继续下去几成抑郁，机体的新陈代谢也因之减慢。

所以，和一些复杂的负面情绪相比较，简单心态对健康的影响可以说是不言而喻的。但是，值得我们注意的是，上面的两个事例中提到的简单的心态是一种积极的，以保持身体健康而持有的心态，这种简单并不意味着远离社会远离生活，不思考不劳动，什么都不做；也不是让所有人到深山老林里去隐居，而是教人们在日常生活中保持一颗平常心，工作时以入世的心态积极认真地去拼搏去奋斗，敢于在竞争中取胜。而在该休息和无谓的争夺上，则以出世的心态把一切都放下，让心境处于一种淡泊自然的状态。

那么，应该如何让心态变得简单呢？

孟子说："养心莫善于寡欲。"意思是说：修养心性的办法最好是减少物质欲望。"无欲则刚",减少了内心的欲望,自然就能够去繁就简,让心态变得简单。于是,我们需要做到以下两点。

首先,心要静,少烦恼。陶铸有句名言:"心底无私天地宽。"是说无私才能心宽,心宽就不会有很多的欲望。

其次,当然是抗拒外界物质的诱惑,不为这些诱惑所干扰。面对这个色彩缤纷的世界,以及各种各样的诱惑,金钱、官位、女色等都可能使人心动神驰,如果能够抗拒这些诱惑,自然就可以做到无欲无求。

生活越简单,身体越健康;心里越简单,烦心事越少,欲望也越少,人生获得幸福的机会也就越大。

04　心情轻松治百病

在老家有个四十多岁的叔叔，整天呼吸不顺，脑袋沉闷，心情郁闷，于是怀疑自己得了什么不治之症，访遍名医，亦不得治。终于有一天碰到一个老中医，老中医给他开了方子，让他每天早晨早起散步，空闲的时候唱唱山歌，喝喝茶，打打牌，并嘱咐他不要再吃其他医院开的药方。大叔百思不得其解，但还是决定死马当活马医。奇迹的事发生了，虽然刚开始有点不适应，但是一个月之后，他欣喜地发现呼吸顺了，脑袋不沉了，病痛仿佛一夜之间消失得无影无踪。后来他登门告谢，老中医笑着说，"我给你开的不过是普通的去火的药罢了。是你自己轻松的心情治好了你。"

可见，不要头痛医头，找出病因才是根本之道。有时候治病不仅仅要针对躯体本身，更要找出致病的根本原因。这样，身体才能够得到完全的康复。生活不是苦难的修行，面对诸多的压力，一定要学会管理压力，更要学会放下压力，保持轻松快乐的心态。

据统计，目前全世界有70%的人死于恶性肿瘤、心、脑血管疾病等心身疾病。今天，危害人们健康最严重的疾病已经不再是传染病等生物学意义上的疾病，而是与心理、环境和与社会相关的心身疾病。世界卫生组织也不断警告说，心身疾病已成为人类健康的主要威胁。

在医学上，心理卫生的概念就是指人的心理处于一种健康的状态。由于消极不良的心理状态刺激导致生理机能的失调，进而导致生理病变，这便是心身疾病；消极不良的心理状态刺激导致高级神经活动失调，从而导致各种疾病的发生，这便是精神性疾病。心理疾病和精神性疾病统称心理疾病。

世界卫生组织这样为健康定义：一个人只有在躯体、心理、社会适应和道德4个方面都健康，才能说是完全健康。于是，社会对于发生在人群中的心理问题格外关注起来。

有关研究机构对几个大城市的在校学生进行了一次调查，有20%—30%的大、中、小学生都存在不同程度的心理卫生问题；另外一项研究表明，98%的城市人渴望增加交流机会。

专家认为，一个人的心理状态常常直接影响他的人生观和价值观，甚至直接影响到他的某个具体行为。从某种意义上说，有时候心理卫生比生理卫生更加重要。

众所周知美国是个开放的国家。在美国的某个大学里有这样一个奇特的风景：每个学期期末考试开始的前一天，在半夜12点整，会有一些本科生聚集在小院中尖叫着裸奔两圈，以此来迎接第二天的期末考试。这些学生当众裸奔有以下两个理由：

如果当众裸奔都不怕了，期末考试还用怕吗？

如果身体都不受束缚了，思想还会被束缚吗？

"裸奔"在英文中是"原始的尖叫"的意思。学生们以这种尖叫来发泄自己的情绪，尽情放松整个学期下来那已绷得极度紧张的大脑神经。

无独有偶，在中国的某些大学也有类似"裸奔"存在。原因就在于学业压力大，据调查显示，70%以上的学生都患有不同程度的抑郁症，他们千方百计地寻求摆脱压力、释放压力的方法，裸奔就是一种他们认为较有效果的方法。

把压力甩到身后，保持轻松快乐的心态，有利于人体的身心健康。很多医学家都认为，在轻松快乐的心态下吃东西容易消化；在紧张的心态下吃东西容易得胃病。一个轻松快乐的人沾枕头就睡着，而一个心情经常紧张的人容易失眠。所以，轻松快乐的人当然会长寿了。自信人生两百年，相信只要轻轻松松活下去，每个人至少都会庆八十的。

我国著名的语言学家周有光如今已经是103岁高龄了，是一位名副其实的长寿老人，当有人问他的长寿秘诀时，他会毫不迟疑地向别人推荐自己撰写的《陋室铭》。

山不在高,只要有葱郁的树林。水不在深,只要有洄游的鱼群。这是陋室,只要我唯物主义地快乐自寻。房间阴暗,更显得窗子明亮。书桌不平,更怪我伏案太勤。门槛破烂,偏多不速之客。地板跳舞,欢迎老友来临。卧室就是厨房,饮食方便。书橱兼作菜橱,菜有书香。喜听邻居的收音机送来音乐,爱看素不相识的朋友寄来文章。使尽吃奶气力,挤上电车,借此锻炼筋骨。为打公用电话,出门半里,顺便散步观光。仰望云天,宇宙是我的屋顶。遨游郊外,田野是我的花房。

其实,周有光的经历颇多坎坷,他曾在"文革"期间屡遭批斗,饱受迫害,几次都濒临绝境。最困难的时候,已经年过花甲的他,工作、生活在房间阴暗、书桌不平、门槛破烂、地板跳舞、卧室兼厨房的陋室中,但是正是《陋室铭》中诙谐文字中流露出来的那种轻松和乐观,支撑着他走了过来,并且成了一位百岁老人。

这是一个刊登在《青岛早报》上的真实事件。

在一次例行检查中,已经65岁的陈大爷被查出患有肝癌,而且已经是晚期。但是,性格开朗的他并没有像其他的绝症病人一样悲观失望,而是依旧轻松地过好每一天。在查出患有肝癌后,除了定期到医院接受介入治疗外,为了赚钱养家,他依旧继续以前的工作——在街边摆摊,给人修鞋。

陈大爷根本没把"绝症"放在眼里,结果,当他去城阳人民医院接受医院接受第三次介入治疗时,医生惊讶地发现,他的肿瘤既没扩大也没扩散。而像他这种情况,从发现那天算起,一般人最多只能活三个月。

后来医生了解到,陈大爷平时性格开朗,在得知患了癌症后的那几天里,他也有过悲观的想法,但是转念一想,自己还要赚钱养家,耽误一天就意味着少一天的收入,与其担忧,不如暂时放下不管,该做什么做什么。如今,他依旧以一种轻松快乐的心态给人们修鞋,不知情的人根本看不出来他是一位癌症患者。正因为他以乐观轻松的心态对待癌症,反而抑制了病情的进一步发展。

发生在陈大爷身上的这个奇迹也可以从医学的角度来解释。保持轻松快乐的心态能够调整大脑皮层张弛过程、缓解疲劳与紧张，而人在紧张、忧虑、苦闷、抑郁等不良的心理状况下，机体免疫功能大大降低，抑制与杀灭癌细胞的能力就逐渐减退，癌细胞就获得存在、繁殖、生长的条件。

从前，有个翰林名叫邝子元，患有严重的心疾。每逢毛病发作的时候，他总是昏昏沉沉，胡言乱语，好像在做梦一样。

这个毛病让邝子元背上了沉重的思想包袱，他的心情越来越压抑。后来，有人向他推荐说："真空寺有位善于医治心疾的老僧，医术精湛，你不妨请他看看。"

邝子元接受了这个建议，专程到真空寺去求医。

老僧听他说完病状，就分析道："施主的病起源于烦恼。有了烦恼，便会产生妄想。妄想是一种看不见、摸不着的东西，生得突然，灭也突然，禅家称之为'觉心'。古人说过：'不怕念起，只怕觉迟。'假如你能把妄念驱除干净，让心里洁净得像虚空一样，烦恼又到哪里去落脚呢？"

邝子元连连点头，觉得老僧说得很有道理。

老僧又继续说道："你的病根乃是水火不交。得这种病的人，通常都是白天沉迷美色，禅家称之为'外感之欲'；夜里思念美色，禅家称之为'内生之欲'。不管是外感之欲还是内生之欲，只要让这两种欲念绸缪染着，就会很快地耗尽人体之精。如果你能与美色一刀两断，肾水自然会逐渐自升，上交于心。此外，还有两种障碍需要克服：一是读书写作太投入，以至于废寝忘食，禅家称之为'理障'；二是日常事务太繁忙，以至于思绪纷乱，禅家称之为'事障'。"

听到这里，邝子元忍不住问道："请教师父，读书写作是我的兴趣爱好，日常事务是我的工作职责。如果这两样算是'障碍'的话，我怎么去克服呢？"

老僧解释道："这两样虽然不是人欲，但也会损及性灵，所以也是障碍，必须克服。当然，不是叫你不要读书写作，也不是叫你不管日常事务；而是合理调整，适可而止，见好就收。这样心平气和下来，心火不上炎而下交于肾水，肾水复升腾而上交于心火,从而形成一种水火既济之象——你的心疾也就痊愈了。"

邝子元觉得老僧的话确实有一番道理,于是便连声称谢,作揖告辞。老僧将邝子元送出山门,分手时,又送他一句话:"苦海无边,回头是岸。"邝子原本是个聪明人,过去一直被欲、障所迷,心窍堵塞,现在被老僧用话头一点拨,便豁然。回家后,邝子元遵照老僧所嘱,独居一室,扫空万缘,静坐了一个多月,心疾不治而愈,而且再也没有复发过。

邝子元得的是心病,真空寺老僧自然得用心药来医治他了。他找出了病根,分析了得病的原因,指出了病症的危害,提出了治疗方案。从头至尾,都是佛理与医理的结合,可谓是"三句不离本行"。他的话句句在理,说得病家心服口服,照他的话去做,心疾就痊愈了。

保持轻松快乐的心态可以维持身体健康,延年益寿,很多"寿星"都懂得要保持心情轻松。然而,要保持轻松快乐的心态,说到容易做到难,我们所处的是一个发展迅猛,竞争激烈的时代,生活、工作节奏急促、紧张,人人都在争速度、抢时间,每天精神都处于高度紧张的状态……这些似乎都是我们无法轻松起来的理由,但是,我们可以采取一些有效的放松方式,比如,严格按照下面的三个要诀来执行。

第一要诀:拿得起,放得下。对于无法更改的事情,多想也无益,不如就此放下。否则,不仅于身有害,且于事无补。

第二要诀:不做不胜任的事。《史记》的《酷吏列传》里有"胜任愉快"一词,这个词非常有道理,如果你身兼数职,顾此失彼,结果每一件事都不能集中精力去做,反而每一件都做不好,心情也必然无法轻松了。

第三要诀:多留出一些富余的时间。好多让我们觉得紧张的事,都是因为时间短促造成的。如果在给每件事都多安排一点时间,则可以不慌不忙,保持从容不迫的心态了。

随时保持放松的状态,让自己做任何事都显得游刃有余,从容淡定,这便是长寿的秘诀。

05 做自己的心理医生

在现代社会激烈的竞争中，不同文化的冲击中，在物质的诱惑之下，我们如何保持一颗平静不收外物所惑的心？

当我们常常感到忧愁、焦躁、不安、愤怒，用物质的方式进行调整也不能奏效时；当健身运动也不能减轻心中的忧虑时；当旅游归来依然心身疲惫时；当豪华的房间也消除不了夫妻的纷争时，我们该如何是好？

为了应付这些问题，心理学家告诉我们，现代人必须要学习一种新的生存技能，那就是学做自己的心理医生，自己帮自己化解工作与生活中的各种心理压力。

做自己的心理医生，说简单一些就是提高自己心理调节的能力，说复杂一些，就是在自己的意识里要有一个特殊的角色，拥有精神中的"第三只眼睛"，理智地观察自己情绪的变化，寻找心理扰动的原因。就像西方传说中每个人都拥有的"守护天使"，在关键的时刻给予自己智慧，帮助自己正确应对纷繁复杂的现实，不至于迷失方向。

俗话说：解铃还须系铃人。个人患了心理疾病，旁人的理解和支持固然重要，但关键还是在于自己有否走出心理困境的意愿，你只有鼓起勇气，才能够走出生天。很多心理疾病患者一味地消沉，一味地钻进牛角尖里不肯出来，跟外界没有交集，最终不能自拔，事情很麻烦，后果很严重。

有这样一个简单的故事：有一个老妇人，她有两个儿子，一个卖布，一个卖雨伞。雨天的时候她担心卖布的儿子生意不好；晴天的时候她担心卖雨伞的儿子生意不好。于是她整天闷闷不乐，有一天一个人对她说：雨天你就想卖伞的儿子生意好，晴天你就想卖布的儿子生意好。老太太听闻豁然开朗，于是天天有了快乐的理由。

这就是看问题的角度不同造成的差异。

有人说看了心理医生杂志，本想找解脱的，结果看下来病情反而重了；也有人说看了杂志，了解了更多的心理学知识，对自己的人生大有裨益。愚昧的人会拿自己去套各种症状，于是发现自己毛病巨多，于是乎越看越害怕；聪明的人会跳出来客观地看问题，有则改之，没有的话则防患于未然。对心理学知识懂得多一点，了解得更透彻一点，不是什么坏事。

每个人的背景不同，看问题的观点和角度也会千差万别，多从积极的角度去看待周遭的一切，心态放轻松些，待人处事就会从容许多；而整天黑脸黑面，好像全世界都欠了自己的，那样你如何有好心情去做事呢？这样只会进入一种恶性循环，让自己的生存环境变得更糟，不病才怪！

就像小伤小病可以自愈一样，我们每个人面对困境的时候，也是可以有所作为的。提高自己的心理素质，学会自我调节，学会心理适应，学会自助，每个人都可以在心理疾患发展的某些阶段成为自己的心理医生。

那么，怎样做好自己的心理医生呢？

1. 精神胜利法

这是一种有益身心健康的心理防卫机制。在你工作不顺心时，在你因经济上得不到合理的对待而伤感时，在你因付出很多却没有得到相应回报而郁郁寡欢时……你不妨用阿Q精神调适一下你失衡的心理，营造一个祥和、豁达、坦然的心理氛围。

2. 难得糊涂法

这是心理环境免遭侵蚀的保护膜。在一些非原则的问题上像郑板桥那样"糊涂"一下，既维护了领导的面子又保全了自己，这样做无疑能提高心理承受能力，避免不必要的精神痛苦和心理困惑。

3. 随遇而安法

这是心理防卫机制中一种心理的合理反应，能培养自己适应各种环境的能力。生老病死、天灾人祸都会不期而至，用随遇而安的心境去对待生活，"既来之，则安之"，你将拥有一片宁静清新的心灵天地。

4. 幽默人生法

这是心理环境的"空调器"。当你受到挫折或处于尴尬紧张的境况时，可用幽默化解困境，维持心态平稳。幽默是人际关系的润滑剂，它能使沉重的心境变得豁达、开朗。

5. 宣泄积郁法

心理学家认为，宣泄是人的一种正常的心理和生理需要。你悲伤忧郁时不妨与异性朋友倾诉，也可以进行一项你所喜爱的运动，或在空旷的原野上大声喊叫，这样做既能呼吸新鲜的空气，又能宣泄内心的积郁。

6. 音乐冥想法

当你出现焦虑、忧郁、紧张等不良情绪时，不妨试着做一次心理"按摩"，在音乐中逛逛"维也纳森林""坐邮递马车"……这将帮助你平息焦虑等情绪。此外，还可以给生活做"加减乘除"法，会自我减压，可达到心理免疫的目的。

7. 加法

积极参加体育锻炼，拓展生活圈子。任何项目的体育活动都能使人感到惬意，但要控制运动量。另外，与其在家中使用健身器械，不如到公园散步，同朋友踢球或者登山、游泳。有意结交新朋友，接受新信息，开阔视野。

8. 减法

降低生活标准，接受别人帮助。对生活高标准严要求的人不在少数，这些人应该学会适度放松，不要认为自己能够做好一切事情。如果遇到力所不能及的事，最好能请别人帮忙。

9. 乘法

给自己留一些时间，要学会多留些时间给自己。一个人如果总是不闲着，会使周围人的情绪也随之紧张。如果感到累了，一定要休息，即使不累，为了爱惜自己也不妨躺下来放松一会儿。

10.除法

不要总想自己能够同时做好几件事。与其同时忙碌好几件事情，不如考虑如何提高效率。比如说做家务，最好是把家务分成几部分来做。如今天整理浴室，明天除尘，后天擦窗户。心理学家认为，适度的家务劳动会给人带来愉快感。

做到以上几点，你就勉强算是自己的合格的心理医生了。

06 做从容自在的人

从容于心，淡定于行。从容，就是不慌不忙，有条有理。淡定，就是希望越渺茫，追求的信念越坚定。

遇事不急不躁，理智地看待问题，生活和工作中怀揣一颗感恩之心，学会赞美，享受一份从容淡定。古往今来，中华民族的圣贤先哲、仁人志士的思想品行为"从容"作出了诠释。屈原"九死不悔"，孟子"贫贱不能移，富贵不能淫，威武不能屈"，诸葛亮"躬耕南阳，不求闻达"，陶渊明"归去来兮"，范仲淹"先天下之忧而忧，后天下之乐而乐"，文天祥"人生自古谁无死，留取丹心照汗青"，林则徐"海纳百川，有容为大；壁立千仞，无欲则刚"等都不失为"从容"的华章。而毛泽东的三句诗词，最为典型地体现了"从容"的真谛。从这里我们能够做出一些基本判断：外压，迷乱，逆境窘迫，是特定的客观情形；达观，信念，成竹在胸，是必备的主观要素。

美国大学医学院威迪安特教授通过社会调查和实验发现，寿命长的人，是那些从容不迫，不愿冒险的人。修炼有这种从容能力，并不比加强体育锻炼、改良饮食习惯次要，从容处世的人会更加健康长寿。

过忧伤身，过喜伤心。为什么这么说呢？一个人如果过分忧伤，血液就会往上冲，刹那间脸红脖子粗，旋即脸色转为青白。而经常忧伤的人，心里的郁结不能解开，就会停留在肝里，不及时排出来，会损伤肝脏及全身的健康。喜悦本来是对健康有益的情绪，但是任何事情都要掌握一个度，超过了这个度，肯定会影响身心健康。"喜伤心"最明显的例子就是"暴喜"，突如其来的"惊喜"会给人一种强烈刺激，使交感神经立刻兴奋起来，释放大量肾上腺素，使人心率加快、血压升高、呼吸急促、体温上升……这些都会导致内分泌紊乱，甚至可能引起高血压、心脏病等，严重者可发生血管破裂、心脏骤停。范进中举，因大喜过望而精神失常；牛皋活捉金兀术，过喜而丧生……这些都是活生生的"喜极生悲"的案例。所以，千万要掌握好喜悦和悲伤的度，学会从容。

何谓从容，顾名思义，即心态舒缓、谦和、泰然、恬淡。通俗地说，就是做事不急不躁，不慌不忙，井然有序；对待任何环境都能不慢不怒，不惊不惧，不暴不弃；遇到挫折不沮丧，取得成功不猖狂。从容，表现的不仅是一个人的气度、修养、性格等，更是一种符合惹的生理、心理需要的有节律的、和谐、健康、文明的精神状态和生活方式。心态从容的人往往能够健康长寿，所以从容也是一种很好的养生方法。

最早提出从容养生这一观点的是明代养生学家吕坤。他在《呻吟语》中告诫人们，"天地万物之理，皆始于从容，而卒于急促。"并说："事从容则有余味，人从容则有余年。"

提到从容的典范，战国时期的大思想家庄子就不得不提了。庄子的妻子死了，惠子前往吊唁，庄子却正在敲盆唱歌。惠子说："跟死去的妻子生活了一辈子，生儿育女直至衰老而死，你不哭也就罢了，何必又敲着盆唱起歌来，这太过分了吧！"庄子答说："她初死之时，我怎么能不伤心悲痛呢！可是，仔细想一想，人是怎样来到这世上，为什么最终还是要离开这个世界呢？原来人是由'气'——即自然界的非生命物质变化而来，气聚成形，气散而死，就像春夏秋冬四季运行一样。现在人的形体已死，又将变成非生命的物质'气'，重新回到自然界去。"连自己妻子的死都可以从容看待，庄子的从容可以说已经到了非一般人能够达到的境界，最后，因这份从容，庄子活了八十多岁。

因从容而长寿的并非庄子一个人，苏东坡一生仕途坎坷，然而，即使在遭贬的路上，他依旧能够兴致勃勃的做烤肉吃；著名人口学家马寅初，曾写过一联用以自勉："宠辱不惊，看庭前花开花落；去留无意，望天上云卷云舒。"即使一生历尽艰辛，但因处世乐观，遇事从容，去世时已有101岁高龄。大学问家梁漱溟的座右铭是："情贵淡，气贵和。"他一生淡泊，心态从容，几经大起大落的磨难，却依旧活到95岁的高龄。张学良将军被幽禁半个多世纪后才获自由，但他心胸豁达，从容淡泊，年逾百岁才仙逝。

为什么从容的心态有益于健康长寿呢？从医学的角度解释，从容之人能相对地保持心态平衡，较好地协调内在环境和外在环境的关系，使人体的神经系统、内分泌系统处于一种有规律的舒缓的状态。相对于个性明显者，从容之人的心脑血管和其他器官受刺激的次数也明显减少，气血顺和则百病难生，所以从容之人多长寿。

并不是每个人天生就有着"老年万事等闲看，阴晴圆缺顺自然"的从容心态，所以，为自己的身体健康着想，应该从以下几个方面要求自己。

第一，乐观开朗笑口常开。保持乐观心态，抛开忧郁，烦恼和一切不顺心之事，以积极、乐观、旷达的人生态度处世，无疑是从容养生的第一要素。

第二，忌于过度。凡事过犹不及，悲喜过分都会有伤身体，进补过分会产生补品综合征，运动过分会反而不宜健康。所以，切忌勉强自己，从容处置。

第三，遵守自己的生物钟。日常生活形成了一定的规律性，宛如一个生物钟，每天如果每天按照生物钟的指示起床、就餐、锻炼、看书报、睡眠等，会逐渐形成一种习惯。如果突然发生改变，身体就不能适应，容易生病。

第四，凡事淡然处之。胜不骄，败不馁，心境通明，泰然处之，平平淡淡仍从容。

世间长寿者，大都性格开朗，从容处世。从容可使人心态平静宽容，凡事顺其自然，不背思想包袱，摆脱心理压力，避免情感失调。从容还可使人思考问题周密，处事审慎谋划，善于自我应变。可见从容之益处甚多，那么，从今日起，做一个从容自在的人吧。